新世界少年文库

未来少年
FOR FUTURE YOUTHS

太空移民计划

小多（北京）文化传媒有限公司　编著

新世界出版社
NEW WORLD PRESS

图书在版编目（ＣＩＰ）数据

太空移民计划 / 小多（北京）文化传媒有限公司编
著 . -- 北京：新世界出版社，2022.2
（新世界少年文库 . 未来少年）
ISBN 978-7-5104-7384-5

Ⅰ . ①太… Ⅱ . ①小… Ⅲ . ①空间探索 – 少年读物
Ⅳ . ① V11-49

中国版本图书馆 CIP 数据核字 (2021) 第 271072 号

新世界少年文库·未来少年

太空移民计划 TAIKONG YIMIN JIHUA

小多（北京）文化传媒有限公司　编著

责任编辑：王峻峰
特约编辑：阮　健　刘　路
封面设计：贺玉婷　申永冬
版式设计：申永冬
责任印制：王宝根
出　　版：新世界出版社
网　　址：http://www.nwp.com.cn
社　　址：北京西城区百万庄大街 24 号（100037）
发 行 部：（010）6899 5968（电话）　　（010）6899 0635（电话）
总 编 室：（010）6899 5424（电话）　　（010）6832 6679（传真）
版 权 部：+8610 6899 6306（电话）　　nwpcd@sina.com（电邮）
印　　刷：小森印刷（北京）有限公司
经　　销：新华书店
开　　本：710mm×1000mm　1/16　尺寸：170mm×240mm
字　　数：117 千字　　　　　　　印张：6.5
版　　次：2022 年 2 月第 1 版　2022 年 2 月第 1 次印刷
书　　号：ISBN 978-7-5104-7384-5
定　　价：36.00 元

编委会

阅读优秀的科普著作
是愉快且有益的

目前，面向青少年读者的科普图书已经出版得很多了，走进书店，形形色色、印制精良的各类科普图书在形式上带给人们眼花缭乱的感觉。然而，其中有许多在传播的有效性，或者说在被读者接受的程度上并不尽如人意。造成此状况的原因有许多，如选题雷同、缺少新意、宣传推广不力，而最主要的原因在于图书内容：或是过于学术化，或是远离人们的日常生活，或是过于低估了青少年读者的接受能力而显得"幼稚"，或是仅以拼凑的方式"炒冷饭"而缺少原创性，如此等等。

在这样的局面下，这套"新世界少年文库·未来少年"系列丛书的问世，确实带给人耳目一新的感觉。

首先，从选题上看，这套丛书的内容既涉及一些当下的热点主题，也涉及科学前沿进展，还有与日常生活相关的内容。例如，深得青少年喜爱和追捧的恐龙，与科技发展前沿的研究密切相关的太空移民、智能生活、视觉与虚拟世界、纳米，立足于经典话题又结合前沿发展的飞行、对宇宙的认识，与人们的健康密切相关的食物安全，以及结合了多学科内容的运动（涉及生理学、力学和科技装备）、人类往何处去（涉及基因、衰老和人工智能）等主题。这种有点有面的组合性的选题，使得这套丛书可以满足青少年读者的多种兴趣要求。

其次，这套丛书对各不同主题在内容上的叙述形式十分丰富。不同于那些只专注于经典知识或前沿动向的科普读物，以及过于侧重科学技术与社会的关系的科普读物，这套丛书除了对具体知识进行生动介绍之外，还尽可能地引入了与主题相关的科学史的内容，其中有生动的科学家的故事，以及他们曲折探索的历程和对人们认识相关问题的贡献。当然，对科学发展前沿的介绍，以及对未来发展及可能性的展望，是此套丛书的重点内容。与此同时，书中也有对现实中存在的问题的分析，并纠正了一些广泛流传的错误观点，这些内容将对读者日常的行为产生积极影响，带来某些生活方式的改变。在丛书中的几册里，作者还穿插介绍了一些可以让青少年读者自己去动手做的小实验，这种方式可以令读者改变那种只是从理论到理论、从知识到知识的学习习惯，并加深他们对有关问题的理解，也影响到他们对于作为科学之基础的观察和实验的重要性的感受。尤其是，这套丛书既保持了科学的态度，又体现出了某种人文的立场，在必要的部分，也会谈及对科技在过去、当下和未来的应用中带来的或可能带来的负面作用的忧虑，这种对科学技术"双刃剑"效应的伦理思考的涉及，也正是当下许多科普作品所缺少的。

最后，这套丛书的语言非常生动。语言是与青少年读者的阅读感受关系最为密切的。这套丛书的内容在很大程度上是以青少年所喜闻乐见的风格进行讲述的，并结合大量生动的现实事例进行说明，拉近了作者与读者的距离，很有亲和力和可读性。

总之，我认为这套"新世界少年文库·未来少年"系列丛书是当下科普图书中的精品，相信会有众多青少年读者在愉悦的阅读中有所收获。

刘　兵

2021 年 9 月 10 日于清华大学荷清苑

在未来面前，永远像个少年

当这套"新世界少年文库·未来少年"丛书摆在面前的时候，我又想起许多许多年以前，在一座叫贵池的小城的新华书店里，看到《小灵通漫游未来》这本书时的情景。

那是绚丽的未来假叶永烈老师之手给我写的一封信，也是一个小县城的一年级小学生与未来的第一次碰撞。

彼时的未来早已被后来的一次次未来所覆盖，层层叠加，仿佛一座经历着各个朝代塑形的壮丽古城。如今我们站在这座古老城池的最高台，眺望即将到来的未来，我们的心情还会像年少时那么激动和兴奋吗？内中的百感交集，恐怕三言两语很难说清。但可以确知的是，由于当下科技发展的速度如此飞快，未来将更加难以预测。

科普正好在此时显示出它前所未有的价值。我们可能无法告诉孩子们一个明确的答案，但可以教给他们一种思维的方法；我们可能无法告诉孩子们一个确定的结果，但可以指给他们一些大致的方向……

百年未有之大变局就在眼前，而变幻莫测的科技是大变局中一个重要的推手。人类命运共同体的构建，是一项系统工程，人类知识共同体自然是其中的应有之义。

让人类知识共同体为中国孩子造福，让世界的科普工作者为中国孩子写作，这正是小多传媒的淳朴初心，也是其壮志雄心。从诞生的那一天起，这家独树一帜的科普出版机构就努力去做，而且已经由一本接一本的《少年时》做到了！每本一个主题，紧扣时代、直探前沿；作者来自多国，功底深厚、热爱科普；文章体裁多样，架构合理、干货满满；装帧配图精良，趣味盎然、美感丛生。

这套丛书，便是精选十个前沿科技主题，利用《少年时》所积累的海量素材，结合当前研究和发展状况，用心编撰而成的。既是什锦巧克力，又是鲜榨果汁，可谓丰富又新鲜，质量大有保证。

当初我在和小多传媒的团队讨论选题时，大家都希望能增加科普的宽度和厚度，将系列图书定位为倡导青少年融合性全科素养（含科学思维和人文素养）的大型启蒙丛书，带给读者人类知识领域最活跃的尖端科技发展和新锐人文思想，力求让青少年"阅读一本好书，熟悉一门新知，爱上一种职业，成就一个未来"。

未来的职业竞争几乎可以用"惨烈"来形容，很多工作岗位将被人工智能取代或淘汰。与其满腹焦虑、患得患失，不如保持定力、深植根基。如何才能在竞争中立于不败之地呢？还是必须在全科素养上面下功夫，既习科学之广博，又得人文之深雅——这才是真正的"博雅"、真正的"强基"。

刚刚过去的 2021 年，恰好是杨振宁 99 岁、李政道 95 岁华诞。这两位华裔科学大师同样都是酷爱阅读、文理兼修，科学思维和人文素养比翼齐飞。以李政道先生为例，他自幼酷爱读书，整天手不释卷，连上卫生间都带着书看，有时手纸没带，书却从未忘带。抗日战争时期，他辗转到大西南求学，一路上把衣服丢得精光，但书却一本未丢，反而越来越多。李政道先生晚年在各地演讲时，特别爱引用杜甫《曲江二首》中的名句："细推物理须行乐，何用浮名绊此身。"因为它精准地描绘了科学家精神的唯美意境。

很多人小学之后就已经不再相信世上有神仙妖怪了，更多的人初中之后就对未来不再那么着迷了。如果说前者的变化是对现实了解的不断深入，那么后者的变化则是一种巨大的遗憾。只有那些在未来之谜面前，摆脱了功利心，以纯粹的好奇，尽情享受博雅之趣和细推之乐的人，才能攀登科学的高峰，看到别人难以领略的风景。他们永远能够保持少年心，任何时候都是他们的少年时。

莫幼群

2021 年 12 月 16 日

外星球上的空间站

本书图片来源：
Shutterstock；美国国家航空航天局；Wikimedia；Kaynouky/Wiki；
Cmglee/Wiki；NASA GSFC；NASA/JPL/University of Arizona；
Ahmad Alhilal et al/Computer Science；Alan Mole；NASA/JPL-Caltech；
欧洲航天局；日本清水建设株式会社
我们已经竭尽全力寻找图片和形象的所有权

第1章

[太空开发的]
历程

- 我们为什么要探索太空？
- 人类探索太空的"足迹"
- 太空探索大事记
- 人类最远探测器

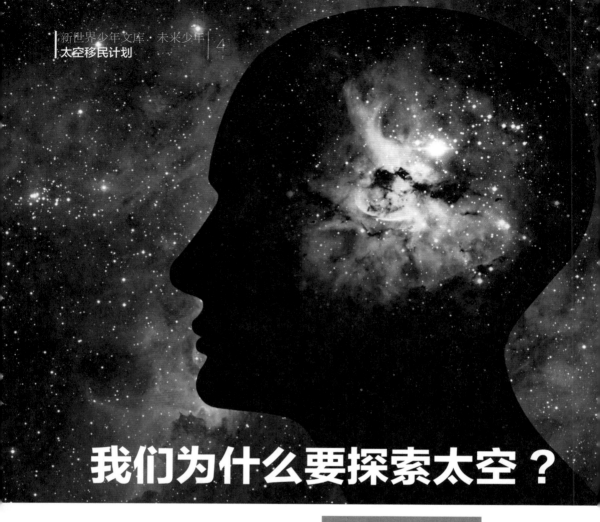

我们为什么要探索太空？

2020 年，美国国家航空航天局（NASA）获得国家拨款总额高达 210 亿美元。全球大约 60 个国家有航天器在太空执行任务，其中包括最近兴起的重要的空间探索者印度。这些国家都耗费了大量财力在太空探索上，而这些钱最终都来自你我这样的普通百姓。我们的世界仍然存在一些眼前的实际问题，如贫穷和癌症。那么探索太空真的如此重要吗？我们有必要花这么多钱，而仅仅为了看一看"太空有什么"吗？这些问题的答案是肯定的，理由有很多。

科学研究的必然延伸

对于那些参与太空项目的国家来说，最重要的理由可能与经济和研究关系不大。他们会说，强大的探索精神是国家繁荣的特征，在一个人类已经深度探索整个地球、进入海洋深处的年代，太空探索正在推动着科技领域的发展。我们有内在的精神动力去进行探索，而飞向太空只是探索行为自然而然的延伸。

尽管很多科学家公开认定这种鼓励探索的动机是正当的，但没有直接参与太空项目的人可能对这种认定心存疑虑。不管怎样，为了迎接这些新领域的挑战，人们有动力开创新的技术，也正是相关的成就改变了我们的日常生活。210亿美元听起来很庞大，然而还不到2020年美国国家预算的0.5%。历年太空探索的结果，却改变了整个世界。

美国国家航空航天局宣称，得益于太空探索发展的新技术，人们研发出超过1650种商用产品（被称为"太空研究副产品"）。这个数字非常惊人，这些产品包括了我们的日常用品和应急用品。更让人惊喜的是，太空探索的溢出效应远超我们目前所知。

卑微的感知促使国际合作

人类被多种力量驱使着探索太空，了解未知世界，推动科技发展。

在探索的过程中，产生了一种强烈的感受：人类在宇宙中是如此渺小，如此卑微，同时生命又是如此复杂。这种感受激励着我们去探究更多未知世界——生命是怎样起源的？宇宙中是否还有像我们这样的生命？太空探索能帮助我们更好地了解宇宙空间，了解人类和太阳系的起源。

在地球这个小世界里，我们已经迅速地将人类看作一个整体而不是很多分散的国民。太空挑战鼓励我们发展科技，开创新的产业，而科学是如此博大精深，单枪匹马是很困难的，因此各个国家展开了联合和平开发。目前，国际合作的重要成果是国际空间站。国际空间站可以帮助科学家进行生物和物质研究、新科技测试，也为探索更远的太空——如近地小行星甚至火星——奠定了基石。

引领技术更新换代

在太空时代，很多使人类生活受益的新观念和新发明蓬勃兴起。由此激发的空间计划和衍生的科学技术在很多国家的发展过程中起到了非常重要的作用。以下是一些改变我们生活的发明。

医学健康

在20世纪60年代，美国国家航空航天局的喷气推进实验室开发了数字图像处理程序。这种技术后来被用在医学领域，提高了人体器官的成像质量。建立在这种技术上的现代磁共振成像（MRI）和计算机断层扫描（CT）已经成为全球通用的拯救生命的标准工具。

直到1985年，制造蛋白质晶体仍是一个难题。后来，美国国家航空航天局发现，在太空中生长的晶体质量更好，从而研发了新的抗癌药物以及各种护肤产品。

用来追踪宇航员精神状态的监控系统现在被医学界用在重症监护室和专门的心脏诊疗室。

用来监控大气气体的激光器，现

在用来清理阻塞的动脉，准确度高，不会损伤血管。

通信、定位、检测

自20世纪60年代以来，人造地球卫星就被置于地球大气层外，为全世界提供通信方便。今天的全球定位系统（GPS）、电视和无线电网络、手机用户都依赖这些卫星。GPS的发明起源于冷战时期，当时美国想跟踪苏联于1957年发射的"旅伴"号卫星。美国第一颗GPS卫星于1978年发射，到1995年，一个完整的全球定位系统建成。

GPS 导航

卫星携带的高清相机能够在任何天气条件下、任何时段监控森林火灾，并对火灾的动向和结构发出预警。这些相机监控的森林面积达700多万亩。

目前，全球卫星导航系统除GPS外，还有俄罗斯的格洛纳斯卫星导航系统（GLONASS）、欧盟的伽利略卫星导航系统（GALILEO），以及我国的北斗卫星导航系统（BDS）。

民用技术

制造太空头盔的技术被用来生产

气垫运动鞋。太空服上的生命保障系统被用在消防队员的装备上，这种装备（重约 13.6 千克）比原来的装备轻 1/3，使用起来更简单、更安全。

美国国家航空航天局 1964 年发明的新型材料能非常有效地反射热量。现在，这一发明被用在发生意外事故的伤员身上，它能将人身体 80% 的热量反射回来，对伤员起到保暖作用。

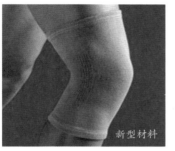
新型材料

用在美国国家航空航天局航天飞机头锥上的碳纤维复合材料，现在用在很多产品中，比如网球拍和一级方程式赛车。

用来分离航天飞机与火箭助推器的爆炸螺栓现在用在切割工具上。

更安全的轮胎技术源于登陆火星的"维京号"航天器的降落伞。

记忆海绵可以应用于很多产品，比如床垫、安全设备和家具。

记忆海绵

太空探索的成果是巨大的。难怪一些权威人士建议，国家可以减少任何领域的预算，唯独不能减少太空研究的预算。这也许就是美国前总统奥巴马在 2010 年说出以下话语的原因："我们花小钱办大事。太空项目已经提高了我们的生活水平，提升了我们的社会地位，增强了我们的经济实力，鼓舞了世世代代的美国人。"

伴随着人类探索火星，进入太空更深处，又会有什么新科技、新产品让我们受益呢？我们应该感谢那些聪明的头脑能够想象出这些产品，并且正在想方设法将其实现。

移民火星概念图

人类探索太空的"足迹"

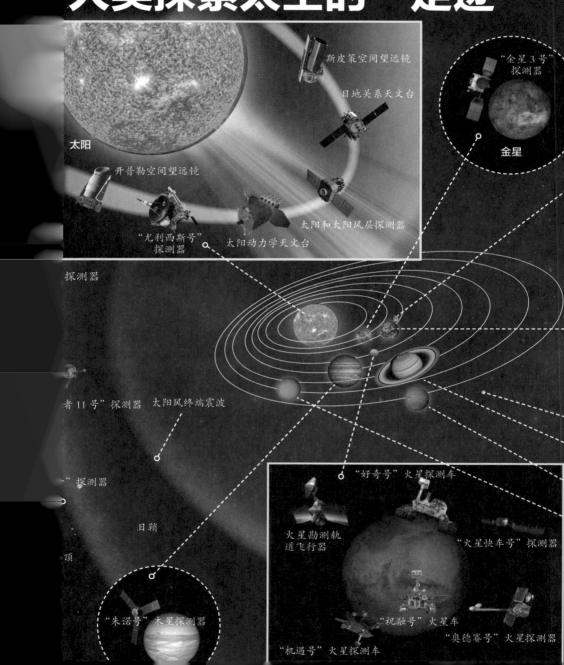

斯皮策空间望远镜

日地关系天文台

"金星3号"探测器

金星

太阳

开普勒空间望远镜

"尤利西斯号"探测器

太阳动力学天文台

太阳和太阳风层探测器

探测器

者11号"探测器　太阳风终端震波

日鞘

顶

"朱诺号"木星探测器

"好奇号"火星探测车

火星勘测轨道飞行器

"火星快车号"探测器

"祝融号"火星车

"机遇号"火星探测车

"奥德赛号"火星探测器

"嫦娥二号"卫星

"鹰号"登月舱

月球大气与粉尘环境探测器

月球勘测轨道飞行器

"玉兔号"月球车

"嫦娥五号"探测器

从1957年10月4日人类将第一颗人造地球卫星送上太空起,在随后的60多年时间里,有数以千计飞行器先后进入太空,本图显示的只是其中很小的一部分 人造的无人和载人航天器,已经到达、环绕或降落在太阳系的每一个大的星球,其中有的已经越过太阳风层顶,进入太阳系外的星际空间

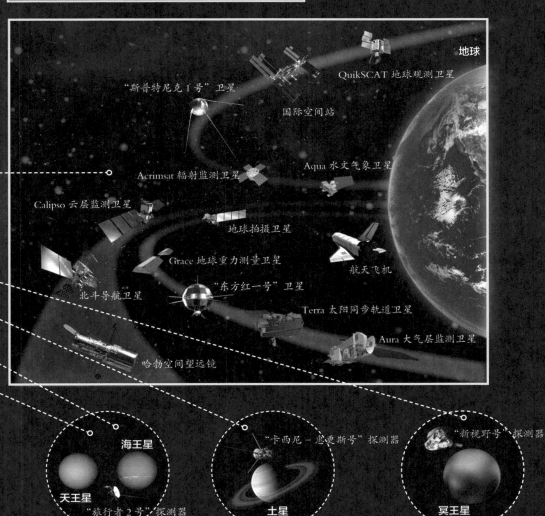

地球

"斯普特尼克1号"卫星

QuikSCAT 地球观测卫星

国际空间站

Acrimsat 辐射监测卫星

Aqua 水文气象卫星

Calipso 云层监测卫星

地球拍摄卫星

Grace 地球重力测量卫星

航天飞机

北斗导航卫星

"东方红一号"卫星

Terra 太阳同步轨道卫星

Aura 大气层监测卫星

哈勃空间望远镜

海王星

"卡西尼－惠更斯号"探测器

"新视野号"探测器

天王星

"旅行者2号"探测器

土星

冥王星

太空探索大事记

搭乘一艘宇宙飞船，只需要 8.5 分钟，你就可以离开地球，进入太空。但是这几分钟的旅程，人类花费了 10 多万年才弄明白。从最早的仰望星空、猜测地球是世界的中心，到 1543 年，哥白尼提出太阳是"太阳系"的中心，现代天文学才由此发轫。

1608 年，望远镜在荷兰诞生；1609 年，德国天文学家开普勒研究出了行星运行规律；1610 年，借助望远镜，意大利天文学家伽利略发现了木星的 4 颗卫星；之后的几百年中，人类发现了越来越多的恒星、行星和卫星；到了 20 世纪，一些科学家开始讨论，如何能够拜访这些天体。

1903 年，俄国科学家齐奥尔科夫斯基在著作中提出了比较成熟的关于火箭的想法。1926 年，美国物理学家罗伯特·戈达德发射了人类历史上第一枚液体燃料火箭。没过几年，德国也开始研制火箭。

1939 年，第二次世界大战爆发，火箭作为导弹，需求激增。1945 年，纳粹德国制造出了强大的 V-2 火箭——一种中程弹道导弹，虽然它没能扭转纳粹德国的败局，但是相关技术却开启了火箭的太空时代。

"二战"结束后，曾经结盟对抗纳粹德国的美国和苏联成为世界仅有的超级大国，以两者为首的两大阵营开始了 40 多年的冷战。期间，火箭和核弹等先进武器的开发成为双方比拼的重点。十几年的时间里，冷战双方的科学家都在开发能进入环绕地球轨道的火箭。

1957 年，苏联发射了第一颗人造地球卫星，成为首个进入太空的国家，也标志着"太空竞赛"的开始。

1958 年，美国国家航空航天局成立，它拥有 V-2 火箭的核心开发人员冯·布劳恩博士，专门发展航空科学和太空技术。布劳恩坚信人可以在太空旅行："别告诉我，人不属于那儿。人属于任何想去的地方。当他到了那儿的时候，就会发现有很多可做的事。"

人造卫星

1957 年 10 月 4 日，在苏联的拜科努尔航天发射场，人类历史上第一颗人造地球卫星"斯普特尼克 1 号"顺利发射升空，正式开启了太空时代。1958 年 1 月 31 日，美国也发射了自己的人造卫星"探险者 1 号"（Explorer 1）。

动物先驱

1957 年 11 月，苏联的"斯普特尼克 2 号"把一只名叫"莱卡"的小狗送入了地球轨道。莱卡的身上安装着监测生理指标的传感器，用来收集参考数据，为未来人类进入太空做准备。

机器登月

1959 年 1 月，苏联发射的"月球 1 号"探测器未能成功抵达月球。1959 年 9 月 12 日，苏联发射了"月球 2 号"探测器。两天后，"月球 2 号"按计划在月球着陆——以撞击的方式。虽然并非软着陆，但这是人类第一次把探测器成功送到月球上。

人类进入太空

1961 年 4 月 12 日，苏联宇航员尤里·加加林乘坐"东方 1 号"宇宙飞船，从拜科努尔航天发射场起飞，成功进入了地球轨道。飞船用 1 小时 48 分绕地球一周后顺利返回地球。加加林在飞船进入大气层后跳伞，安全着陆。

"阿波罗"登月

"这是我个人的一小步，却是全人类的一大步。"1969 年 7 月 21 日，美国宇航员尼尔·阿姆斯特朗走出"阿波罗 11 号"（Apollo 11）的登月舱，踏上了月球表面。当时，全球约有 6 亿人收看了登月的电视直播。

探索火星

1971 年 5 月 30 日，美国发射了"水手 9 号"（Mariner 9）火星探测器。在同年的 11 月 14 日，"水手 9 号"进入了火星轨道，成为第一个成功环绕火星运行的探测器。"水手 9 号"拍摄并传送回了大量照片，帮助人们真正认识这颗红色的行星。

向太空深处进发

1977 年 9 月 5 日，美国发射了"旅行者 1 号"（Voyager 1）探测器。40 多年过去了，"旅行者 1 号"始终与地球保持着联系，现在它和地球的距离达到了 230 亿千米，已经穿越太阳风层顶，进入了星际空间。

航天飞机

1981 年 4 月 12 日，第一架航天飞机"哥伦比亚号"（Columbia）在美国卡纳维拉尔角肯尼迪航天中心发射升空，揭开了太空旅行的新篇章。航天飞机之前的航天器都是只供一次性使用的，而航天飞机可以重复使用。它可以像火箭一样起飞，像普通飞机一样滑翔后着陆。

哈勃空间望远镜

1990 年 4 月 24 日，哈勃空间望远镜在美国肯尼迪航天中心由"发现者号"（Discovery）航天飞机成功发射。它以 2.8 万千米 / 时的速度沿太空轨道运行，清晰度是地面天文望远镜的 10 倍以上。虽然它不是第一架太空望远镜，但是它是最大、最"多才多艺"的一个，给天文学界带来了很多突破性观测，比如准确确定宇宙膨胀的速率。

国际空间站

1998 年 11 月 20 日，俄罗斯的"质子"运载火箭把国际空间站的第一部分——"曙光号"功能货舱送上了太空。这座空间站是由美国、俄罗斯等 16 个国家合作推进的项目，由多个功能舱在太空组合而成，可以与航天飞机和货运飞船自由对接。

太空旅游

2001 年 4 月 28 日，60 岁的美国富豪丹尼斯·蒂托（Dennis Tito）搭乘俄罗斯的"联盟号"飞船进入太空，并登上了国际空间站，成为第一名太空游客。他为此支付了大约 2000 万美元。蒂托在地球轨道上度过了一周多的时间，在 2001 年 5 月 6 日平安返回地球。

美俄之外的世界

2003年10月15日，"神舟五号"飞船在中国酒泉卫星发射场发射升空，把中国航天员杨利伟送入了地球轨道。这标志着中国成了继美国和俄罗斯后第三个进入载人航天领域的国家。除中国外，欧洲航天局以及印度、日本等国也在规划自己的载人航天项目。

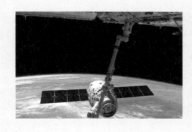

商业太空时代

2012年5月25日，私营航天公司美国太空探索技术公司（SpaceX）的"龙"飞船（Dragon）成功与国际空间站对接，标志着私营公司参与的新太空时代的到来。除SpaceX公司外，维珍银河等公司也在开展自己的太空项目，预示着商业化的太空时代即将到来。

月球自动采样并返回

2020年11月24日，中国"长征五号"运载火箭运送"嫦娥五号"探测器至地月转移轨道，"嫦娥五号"完成月面着陆、自动采样、月面起飞、月轨交会对接后，携带月球样品成功返回地面。

中国在火星上着陆探测器

2021年5月15日，中国自主发射的"天问一号"探测器所携带的探测车"祝融号"在火星乌托邦平原南部着陆。中国成为继苏联和美国后，世界上第三个在火星着陆探测器的国家。"祝融号"携带地形相机、次表层探测雷达等六种科学载荷，对火星地表和大气等进行探测。

中国空间站开启有人长期驻留时代

2021年10月16日，"神舟十三号"载人飞船在酒泉卫星发射中心成功发射并成功与空间站组合体对接。三名航天员成功进驻天和核心舱。中国空间站开启有人长期驻留时代。

"旅行者 1 号"探测器

人类最远探测器

"'旅行者 1 号'已经在星际空间中,在我们的太阳系和其他星系之间的区域。""旅行者"项目科学家埃德·斯通说。

一系列相关资料证明,"旅行者 1 号"已经脱离了包裹着太阳系的由炽热而活跃的粒子组成的太阳风层顶,进入了恒星与恒星之间、弥漫着稀薄的等离子体的带电粒子区域,成为第一个离开太阳系的人造物体,这是人类科学发展史上的里程碑。

"旅行者 1 号"是一艘无人外太阳系太空探测器,重 815 千克,于 1977 年 9 月 5 日发射。发射的时机,是 176 年一遇的行星几何排列。航天器只需要少量燃料以做航道修正,其余时间借助各个行星的引力加速,只身就能造访太阳系里的四颗气态巨行星:木星、土星、天王星及海王星。

"旅行者 1 号"和"旅行者 2 号"的最初目标是巡视木星和土星,然后传回木星大红斑和土星环的照片。然而它们除了完成这些任务,还向地球传回了很多其他的发现:木星的卫星木卫一上正在喷发的火山;木卫二冰封的地表下存在海洋的线索;木星的又一颗卫星;土星的卫星土卫六上存在甲烷雨的迹象。

"旅行者 1 号"在 1979 年 3 月 5 日飞行至距离木星中心 34.9 万千米的最近点。由于如此近距离地掠过,以及良好的相机分辨率,探测器在48小时的近距离飞行中，得以对木星的卫星、环、磁场以及辐射带做深入了解及高分辨率的拍摄。最令人惊讶的是，它在木卫一上发现了火山活动。这个发现在地球上从未观察到，就连"先驱者10号"及"先驱者11号"也未能观察到。

在顺利地借助了木星的引力后，"旅行者1号"朝土星的方向进发，并于1980年11月12日飞行至距离土星最高云层12.4万千米以内的位置。"旅行者1号"探测到土星环的复杂结构，发现了土卫六拥有浓密的大气层。美国国家航空航天局临时命令"旅行者1号"驶近土卫六以进行研究，终止了它继续探访其余两颗行星的计划。

2012年6月，美国国家航空航天局表示，"旅行者1号"上携带的两个高能望远镜接收到的来自太阳系外的宇宙射线数量急剧增加。基于这些数据，项目科学家得出结论："人类向星际空间派出的首个使者已在太阳系边缘。"

随后"旅行者1号"经历了3场激波。太阳爆发日冕物质抛射，产生的压力波撞上星际空间中的等离子体时产生激波。天体物理学家伦纳

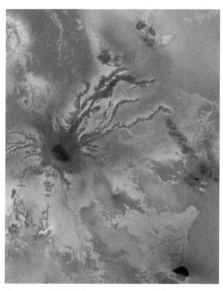

木卫一上的活火山 Ra Patera 的熔岩流

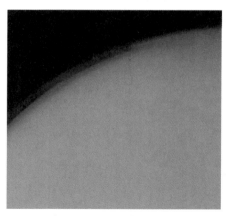

土卫六浓密的大气层的细节首次被"旅行者1号"拍摄到

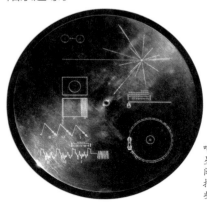

"旅行者1号"携带了一张表面镀金的铜质磁盘唱片。唱片中录制了用55种人类语言讲述的问候语"来自行星地球的孩子(向你们)问好"，其中中国有4种(普通话、闽南语、粤语、吴语)。唱片中还存有115张图像，包括太阳系各行星的图片、人类的解剖图像及说明等，这些数据旨在向"外星人"表达人类的问候

德·布拉格（Leonard Burlaga）说：
"这一惊人的事件提出的新问题，将激励科学家对星际介质中激波的本质展开新的研究。"

　　"旅行者1号"正在沿双曲线轨道运行，并已经达到了第三宇宙速度。科学家表示，"旅行者1号"上的核电池能够保证搭载的科学仪器继续工作至2025年。之后，它的电池将只支持通信，而它往外飞不需要任何能源，因为太阳已经给了它动力。而到2036年，通信信号传输的电力也将消耗殆尽。即使电池耗尽，"旅行者1号"仍将携带着人类的信息，继续向银河系中心前进，但再也不会向地球发回数据了。

　　美国天文学家卡尔·萨根（Carl Sagan）说："向浩瀚的宇宙发射这个东西，表明人类对自己生命的未来充满了自信。"

太阳系的边界在哪里？

　　太阳系的边界和星际介质开始的位置没有明确定义，因为这需要由太阳风和太阳引力来决定。

　　在距太阳80~100天文单位（1天文单位约等于1.496亿千米）的终端震波的边缘，太阳风以400千米/秒的速度与星际介质相遇，相互碰撞与冲击，太阳风在此处减速、凝聚、变得更加纷乱，形成一个巨大的卵形结构，这就是所谓的日鞘。日鞘在朝向太阳风的方向延伸约40天文单位。日鞘的外缘是太阳风层顶，此处是太阳风最后的终止之处，外面即是星际空间。

　　太阳系外面是奥尔特云，奥尔特云是一个假设包围着太阳系的球体云团，布满了不活跃的彗星，奥尔特云向外延伸可达50000天文单位。

　　而太阳的引力所能及的范围，估计可以达到约2光年（1光年≈63240天文单位≈9.46万亿千米）。

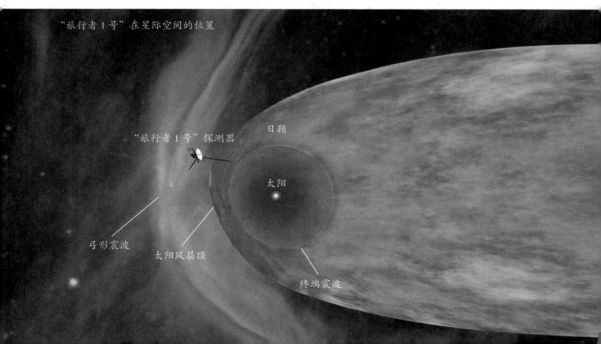

"旅行者1号"在星际空间的位置

"旅行者1号"探测器

日鞘

太阳

弓形震波

太阳风层顶

终端震波

第 II 章

[离开]
地球

- 摆脱地球引力
- 航天运载火箭
- 轨道环绕
- 国际空间站

摆脱地球引力

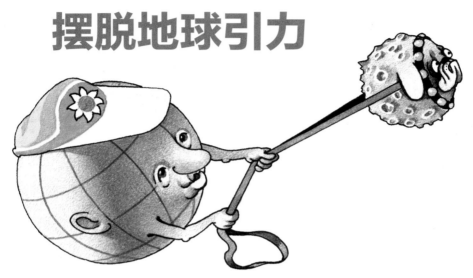

　　为什么扔出去的纸飞机只飞了一会儿就掉下来？为什么不管跳高运动员跳得有多高最后还是要落回地面？为什么瀑布是倾泻直下而不会飞到天上去？你也一定见过秋风中萧萧的落叶和绵绵的雨滴，有没有想过这些现象之间有没有什么联系？

　　其实，这些现象的发生都是因为地球上有只看不见的手——万有引力。想要离开地球，首先需要克服的便是它。

　　什么叫万有引力？它指的是任何两个物体之间都存在着相互的吸引力。你可能疑惑：为什么我感觉不到一张桌子或者一个苹果拉着我呢？这是因为我们都太轻，质量太小，我们与桌子或与苹果之间的万有引力太微弱，所以我们才会感觉不到。但是如果换成很重的物体，比如地球，情况

就会有很大的不同。地球的质量非常大，它和其他物体间产生的万有引力会非常大。前面提到的那些有趣的现象都是因为这个万有引力在起作用。它像一只看不见的大手牵引着地球周围的每一个物体，把每个物体拉到地心里——如果不是有地面阻挡的话。

离心力让卫星不会掉下来

　　有什么办法可以飞在天上不掉下来呢？像小鸟一样，飞机的成功飞行靠的是空气产生的上升力，飞机受到的向上的力大于向下的力时就会有向上的升力。如果再高一点，在大气层之外呢？我们知道，离开大气层就没有空气了，飞机的飞行原理已经不再适用，那么怎样才能使飞机不掉下

来？为了解决这个问题，我们要介绍一个叫"离心力"的概念。

所谓离心力，是一种虚拟力或称惯性力，它使旋转的物体远离它的旋转中心。我们来看看链球运动，运动员握着一根一端带有铁球的链子甩圈，你会发现铁球好像在拉链子一样，运动员一旦松开手，链子就会被铁球拉着跑了。再比如，如果把一块小石头拴在一条橡皮筋上，然后甩这块石头，石头的速度越来越快，橡皮筋会越拉越长，如果速度足够快，橡皮筋就有可能崩断（危险，请勿模仿）。

做圆周运动的物体，都会产生离心力

为什么会这样呢？原来，橡皮筋与小石头之间产生了一个拉力，这个拉力随着小石头速度的增大而增大，当小石头的速度足够大时，橡皮筋承受不

万有引力

在一个有六面墙的大房间里有一个人，手持一个铁球。这时，他飘在空中；他松开手中的铁球，铁球也飘在空中，并没有落向哪一面墙。

没错，这个房间是飞行在太空中的飞船。太空中任何物体都飘在空中，在那里，没有上方和下方的感觉，也没有头上和脚下的感觉。

过了若干时间，这个人感到自己的身体落向某一面墙，他的脚踏到那面墙上，感到脚下的墙是下面，头上的墙是上面。这时他知道，飞船已经接近一个星球（比如地球）并且在减速，准备在这里着陆了。

这个让人站稳，并且有了上下的感觉的力就是重力。无论你在中国，还是穿过地球在另一端的南美洲，这个感觉都是一样的。在这里，重力是由于地球的吸引而产生的力。这个力可以用万有引力定律来表达。

在宇宙中，任何两个相隔一定距离的物体都会互相吸引。它们之间吸引力的大小是由物体质量大小和它们之间的距离来决定的。

牛顿发现了这个吸引力并推导出计算公式：

$$F=G\frac{m_1 m_2}{r^2}$$

在公式中，F 是吸引力，m_1 和 m_2 分别是两个物体的质量，r 是它们之间的距离，G 是引力常数，是一个非常小的固定值。

从公式我们可以看出，如果这两个物体中有一个质量很大（比如地球），那么这个力是很可观的；如果两个物体相距很远，那么这个力就很小，比如人在太空中，几乎感受不到地球的引力。

离心力：车辆转弯时需要减速

了那么大的拉力，就会断掉，小石头也会甩出去。这跟汽车在拐弯的时候要减速，否则容易冲出公路是一样的道理。

地球是圆的，如果绕着它转动的物体速度足够大，就会像汽车冲出跑道一样飞出去。那么到底需要多大的速度产生的离心力才能抵消地球的万有引力呢？根据科学家的理论计算可以知道，物体的转动速度和质量越大，拉物体的绳子越短，物体受到的离心力越大。其实这可以很简单地从直觉上得到验证：分别用绳子系西瓜与橘子，在拉绳子甩的过程中，你能感受

到西瓜更容易飞出去，而用长绳子又要比用短绳子省力。如果卫星绕着地球快速转动，犹如系在绳子上的橘子一样，就可以产生一个向外甩的力来抵抗万有引力，从而使卫星不掉到地面上来。因此，只要计算出卫星受到的万有引力的大小，然后令卫星绕地球转的离心力跟它相等，前面提到的"绳子的长度"可以视为卫星到地心的距离，即地球的半径加上卫星飞行的地面高度，就可以计算出卫星绕地球转动时需要达到的速度。当然，卫星的飞行高度越高，它的运行速度也就越小。一个临界的状况是卫星恰好在地球表面绕行，这个时候的速度计算出来是 7.9 千米／秒，就是所谓的"第一宇宙速度"。

宇宙速度

顾名思义，宇宙速度就是在宇宙中航行的速度。宇宙是什么呢？就是太空。太空里是没有空气的，如果卫

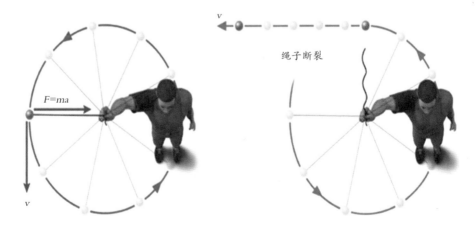

$F=ma$

v

v

绳子断裂

星想要绕着地球转动，就需要达到一个很大的速度，这样它所产生的离心力才能抵抗地球的引力。否则，地球的引力还是会把卫星拉回地球。那么如何达到宇宙速度呢？

这个问题在 1930 年就已经有科学家研究了。当时在美国的加州理工学院，有几个年轻人开始研究速度比飞机更快的飞行器，就是火箭。火箭是帮助卫星达到宇宙速度的运载工具。运载火箭从地面的发射架发射到太空，一般需要不断地增加速度。运载火箭在地面上的速度是 0，垂直起飞 10 秒后，开始按预定程序缓慢地转弯，并达到第一宇宙速度，将卫星送入运行轨道。至此，运载火箭的任务就算完成了。卫星将会在预定的轨道上绕着地球运行，它可以有不同的轨道高度，不同的轨道高度有不同的运行速度。

而要摆脱地球引力到太阳系去，就要冲破地球引力的束缚。这个情景就好像绳子拉着一个小球旋转一样。在这里，火箭好比是小球，引力好比是绳子的拉力。如果绳子不够结实，小球只要稍微转动得快一点，就会崩断绳子飞出去。

同样道理，如果火箭围绕地球转动的速度超过某一个极限，万有引力就不能很好地吸引住它，它就会像小球一样被甩离地球。这个极限速度的大小为 11.2 千米 / 秒，称为"第二宇宙速度"。第二宇宙速度的意义在于，当火箭的速度达到第二宇宙速度时，它将挣脱地球的束缚，摆脱地球引力，在太阳系中"自由"地飞行。

虽然此时火箭挣脱了地球的束缚，但是它还没有完全自由，因为它遇上了一个质量更大的家伙——太阳。太阳的质量是地球质量的 33 万倍，因此太阳对火箭的万有引力更大。这时火箭会继续受到太阳的万有

A. 速度低于第一宇宙速度，落回地面；
B. 速度等于第一宇宙速度，绕地球做圆周运动；速度大于第一宇宙速度小于第二宇宙速度，绕地球做椭圆运动；
C. 速度达到第二宇宙速度，离开地球

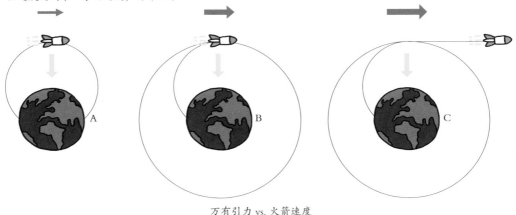

万有引力 vs. 火箭速度

引力，从而成为围绕太阳公转的天体。其实包括地球在内的八大行星绕着太阳转就是因为太阳对这些行星的万有引力的作用。

太空遨游

那么有没有办法可以飞出太阳系，到浩瀚的外太空去遨游呢？答案很简单，地球要离开太阳，需要更大的速度，约为 42.1 千米 / 秒。因为地球绕太阳公转时已具有 29.8 千米 / 秒的速度，也就是说地球上所有物体已有 29.8 千米 / 秒的速度，那么若沿地球公转方向发射航天器，只需在脱离地球引力以外再加上 12.3 千米 / 秒的速度，即 29.8 千米 / 秒加 12.3 千米 / 秒，就刚好可以达到 42.1 千米 / 秒的逃离太阳的速度。

因为航天器在地面发射，需要做功才能脱离地球引力，也就是说脱离太阳引力的动能还要加上脱离地球引力的动能，用动能求和的方式，把 12.3 千米 / 秒的动能和 11.2 千米 / 秒的动能相加，经推算可求得一个 16.7 千米 / 秒的速度。我们把这个速度叫作"第三宇宙速度"，也就是摆脱太阳引力的约束飞到太阳系之外需要的在地球表面发射的最小速度，达到这个速度之后就可以离开太阳系，去往更加广袤神秘的宇宙空间。

此外，还有"第四宇宙速度"和"第五宇宙速度"，分别表示飞出银河系和本星系群所需要的最小速度，可见要真正飞到一个自由的地方是很困难的。根据估计，第五宇宙速度大概是 2000 千米 / 秒，是现在的技术远远达不到的，更何况要真正发射一枚火箭，需要考虑的因素远远比纸上分析的要多得多，比方说在大气层内的摩擦力，在大气层外还要考虑月球和其他宇宙尘埃的引力，等等。

因此，要想离开银河系到达宇宙中更远的地方，还需要更多的探索和努力。

逃逸速度

航天器摆脱某一星球的引力束缚所需要的最低速率叫逃逸速度，地球的逃逸速度约为 11.2 千米 / 秒。

因为地球拥有大气层，所以以现在的科技水平，在地表上是不可能达到地球的逃逸速度的。航天器会先以比较小的速度到达近地轨道（160~2000 千米），从这里再加速至地球的逃逸速度，这样就可以逃离地球的引力了。

太阳的逃逸速度很大，约为 617.5 千米 / 秒。但是在地球的轨道上，要摆脱太阳引力而离开太阳系的最低速度小很多，只要 42.1 千米 / 秒。如果选择最佳的发射角度，还可以把地球公转的速度叠加进去，那么在不考虑地球引力的情况下，只需要 12.3 千米 / 秒的速度，航天器就可以离开太阳系。

1969 年 7 月 16 日，执行"阿波罗 11 号"登月任务的"土星 5 号"运载火箭升空。"土星 5 号"是有史以来建造的最高、最重、推力最强的运载火箭之一。1967—1973 年共发射了 13 枚"土星 5 号"运载火箭，"土星五号"保持着完美的发射纪录

航天运载火箭

66

一枚运载火箭已经在发射台上做好发射准备。它上面搭载着 1 艘宇宙飞船、3 名宇航员。

5——4——3——2——1！

当承担发射任务的指挥官发出"发射升空"的指令后，航天运载火箭周身因能量聚集而产生一阵突如其来的震颤。在多个助推器的作用下，航天运载火箭从发射台上升空。一场搭乘火箭的太空旅行开始了。

99

如何升空？

从发射台发射升空到进入太空飞行，运载火箭的太空之旅很复杂，且整个过程都必须经过精密计算。

在运载火箭发射的前几年，担任太空任务的宇航员就已经选定了，他们要经过长期的训练才能执行任务。

寻找合适的发射窗口是发射准备阶段的关键一步。发射窗口是指允许并适合发射运载火箭的最佳时间范围，这段时间可能长达数小时，也可能短至几分钟，通常由目的地的具体情况来定，包括在与地球相对的某点卸载一颗卫星，与太空中的哈勃空间望远镜或国际空间站对接等。

受天气或其他因素影响，可能会错过发射窗口，发射任务不得不重新计划。

火箭从发射台发射升空的过程蕴含着一个人类长期研究的科学原理——每一个作用力都会有一个大小相等、方向相反的反作用力与之并存。

遵循这个科学原理，当火箭发射时，火箭的燃料在燃烧室燃烧，产生高温高压气体，这些热气经过一个喷嘴加速后，以 8000~16000 千米 / 时的速度从火箭尾部喷出，这一向后的喷射，产生了一个作用在火箭上的反作用力，推着火箭向前挺进。其原理就像水管喷水时会向后退一样，大部分火箭利用这个简单但重要的科学原理不止一次地穿越地球大气层。

作用力和反作用力示意图

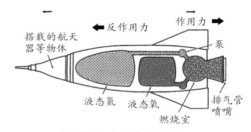

液体燃料运载火箭基本结构

设计升空的力量

大部分运载火箭需要达到 28000 千米 / 时的速度才能穿越大气层，因此，运载火箭升空需要耗费大量燃料。

需要什么燃料，需要多少燃料，都要经过精密设计。在脱离地球束缚时，运载火箭可以使用固体燃料，也可以使用液体燃料（通常是液态氢和液态氧），还可以两种同时使用。其中一些必须能在太空没有空气的环境中发挥作用。

燃料会增加火箭的质量，搭载的航天器不同，增加的幅度也不同。通常情况下，燃料的质量是航天器搭载进入太空的货物的 36 倍。例如，用在航天飞机上的每一枚助推火箭都会载有重约 500 吨的燃料——这个质量真的很惊人。

穿越大气层

　　运载火箭通常依靠"级"或"节"来储存燃料，保持平稳的速率前进，穿越大气层。

　　许多运载火箭有两到四级。之所以如此设计，是因为运载火箭很大一部分质量来自燃料。当燃料用完，储存燃料的空容器就没用了，它的质量会减缓火箭的升空速度。在多级火箭中，燃料用尽的空容器会分离掉落。之后，下一级火箭会利用自身储存的燃料将运载火箭推送到更远处。这样，运载火箭就只需带着最需要的东西前进了！

　　第一级火箭会在到达大约 61 千米的高度处脱落，第二级

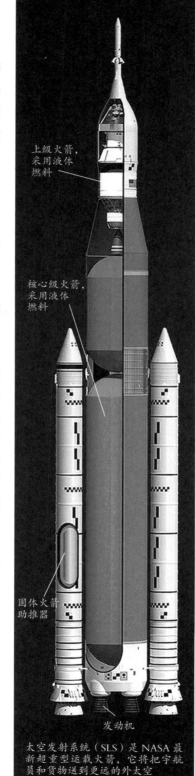

上级火箭，采用液体燃料

核心级火箭，采用液体燃料

固体火箭助推器

发动机

太空发射系统（SLS）是 NASA 最新超重型运载火箭，它将把宇航员和货物送到更远的外太空

火箭可能在到达 160 千米处脱落，而第三级火箭或第四级火箭能够帮助运载火箭进入预定位置，让宇航员到达预定轨道。

　　此外，运载火箭的头部是尖的，这种形状能够减少飞行阻力，使运载火箭迅速起飞，穿越大气层。

冲入轨道

　　由于搭载的航天器类型或型号不同，运载火箭上升至距地球表面 97 千米所用的时间也会从 5 分钟到 17 分钟不等。在距地球表面 97 千米这个高度时，运载火箭会脱离大气层，但地球引力仍会对航天器造成影响。正因如此，运载火箭等航天器需要利用自身的速度进入环地球轨道。进入预定轨道后，航天器会绕着地球快速飞行。维持一定速度绕地球运动，会帮助运载火箭进一步战胜

太空发射系统的固体燃料助推器与主火箭分离的瞬间

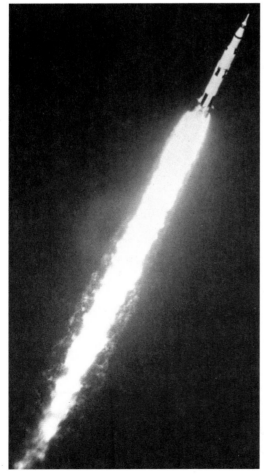

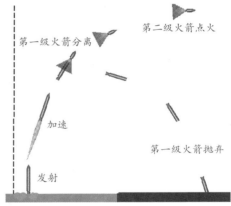

第二级火箭点火

第一级火箭分离

加速

第一级火箭抛弃

发射

执行"阿波罗 11 号"任务的"土星 5 号"运载火箭经过 2 分 41 秒到达 68 千米高空，速度达2756 米 / 秒，耗费燃料 2100 吨，占火箭总质量的 3/4。此时，火箭完成一、二级分离，第二级火箭点火。

第二级推进器的工作时间大约为 6 分钟，运载火箭的高度上升到 175 千米，速度达到 6995 米 / 秒，接近绕轨速度（第一宇宙速度）。此时，二、三级火箭分离，第三级火箭点火。

在火箭发射后 2 小时 44 分，第三级推进器工作约 6 分钟，飞船加速到接近地球的逃逸速度，向月球转移轨道射入。

再经过 40 分钟，指令舱和服务舱与第三级推进器分离，与登月舱对接

地球引力。处于低轨道的航天器，如航天飞机，需要以 7 千米 / 秒的速度飞行。一些航天器绕地球飞行一周约需 90 分钟。一些进入更高轨道的航天器可以以更低的速度绕地球飞行，但它们进入预定轨道时所需的动力要比进入低轨道的航天器多。

登陆地外星球

　　登陆月球要求精准的动作。运载火箭携带的登月舱要在一块平整的地方着陆，但由于月球表面地貌凹凸不平，找到这样一块地方很难。"阿波罗 11 号"上的美国宇航员尼尔·阿姆斯特朗和巴兹·奥尔德林登月时就遇到了这个难题。他们改变了原先的着陆地点，最终选择在一个陨石坑旁着陆。

　　相比月球，在更遥远的行星上着陆要面临更多挑战。首先，宇航员需要带足太空之旅的补给。其次，他们还要避免在目的星球上遇险。一趟前

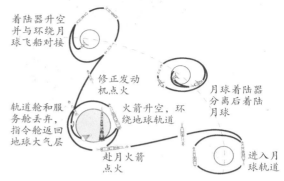

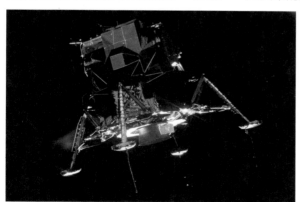

"阿波罗 11 号"使用的"鹰号"登月舱

往火星（离地球第二近的行星）的太空旅行会耗时数月。为了使火星之旅成行，航天机构需要找准发射窗口，在火星离地球最近的时候将航天器发射升空。当航天器最终着陆时，宇航员还要避开火星上的沙尘暴和火山喷发。此外，他们还要留足返回地球时所需的燃料和补给。

重返地球

　　宇航员终将返回地球。

　　在"阿波罗 11 号"中，载宇航员回来的是运载火箭上的宇宙飞船，包括登月舱、服务舱和指令舱（即返回舱）。月球上的登月舱点燃上升引擎，回到绕月轨道，与指令舱和服务舱会合，之后登月舱被抛入月球轨道，服务舱主发动机启动，带着宇航员返航。

　　一旦载人宇宙飞船准备好返回地球大气层，宇

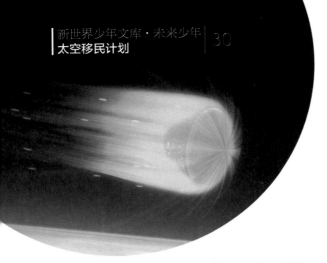

航天器进入地球大气层时与大气摩擦，温度会升得很高，因此要使用特殊的抗高温材料

航员就会做好下降到地球的准备，整个过程称为"再入"，和当初发射火箭升空一样复杂。

"再入"的第一步是要确保航天器已经处于返回地球的状态，然后，就是降速。"阿波罗11号"在进入"再入"走廊时，宇宙飞船抛弃服务舱，指令舱的圆拱形底朝前，利用空气阻力减速。

返回地球的过程十分危险。首先，航天器返回的角度必须设置正确。角度太大，航天器会因温度过高而焚毁；角度太小，航天器无法进入大气层，反而会被弹出大气层外，如同一颗掠过水面的石子。由于返航会耗费大部分燃料，被弹走的航天器很难有机会再次尝试返回地球。

一旦航天器脱离既定轨道，地球重力便开始起作用，航天器坠落的速度将加快。幸运的是，地球大气层中含有空气颗粒物，它们会产生阻力。阻力会自然而然地减缓航天器穿越大气层的速度，但这时，航天器的温度会升高。为了防止高温对航天器或宇航员造成伤害，就要使用特殊的抗高温材料，包括耐热涂层、柔性绝热制品、碳覆盖物等。没有它们，航天器可能会在穿越大气层时着火、失控或爆炸。

随着航天器的高度下降，速度也逐渐降了下来，为在地球上着陆做好了准备。航天飞机作为重复使用的航天器，要像普通飞机那样稳定着陆。指挥官会在航天飞机的速度低到可以驾驭的时候，指导航天飞机在着陆跑道上降落。在这个过程中，降落伞，也称减速伞，能够帮助减速。

一旦返航成功，宇航员会被带到一处安全地带，一般他们需要接受一系列密集的体检和躯体康复治疗。

"阿波罗15号"溅落到地球的瞬间

"哥白尼号"宇宙飞船将使用核裂变动力火箭将宇航员送往火星

为了走得更远

人类依靠火箭飞向太空已经有 60 年的历史，不过到现在为止，液体燃料仍然是主要的火箭能源。在过去的几十年里，核能源火箭一直是人类的憧憬，但是由于诸多原因，只停留在技术研发和地面试验阶段。

随着太空发射系统的成功发射，又有人重提核能源火箭。美国国家航空航天局约翰·格伦研究中心的工程师史坦利·博罗夫斯基和他的团队提议建造一款名为"哥白尼"（Copernicus）的新型核能源宇宙飞船，用于 2033 年的火星探测任务。

博罗夫斯基撰写的相关报告目前已经提交给了美国国家航空航天局。在报告中，他介绍了这款宇宙飞船的火箭的基本工作原理：由铀-235 参与的核反应，将反应堆内的液态氢加热，将其变成等离子体喷射流并从喷嘴喷出，产生巨大的推进力。

核能源火箭的质量几乎仅为携带液态燃料的同等大小的火箭的一半，且能提供同样的推力。博罗夫斯基表示，目前，携带"好奇号"火星车的宇宙飞船前往火星需要 253 天，而对"哥白尼号"宇宙飞船来说，在 130 天内到达火星简直是小菜一碟。如果核能源宇宙飞船携带更多的推进剂，前往火星单程仅需 100 天。

大功率的核能源火箭的发射升空必须具有绝对的安全性，否则可能造成地球环境的污染，这也是这类火箭的研发一直裹足不前的原因之一。另外，因为核反应堆和飞船的距离很近，宇航员的核辐射安全也是一个主要考量。

可以肯定的是，未来的火箭将会采用多种多样的能源。有些使用热核聚变反应（用氘和氚的混合物做燃料）作火箭的推进，而另一些尝试利用太阳能，它们中的一些甚至尝试利用原子粒子飞行。

轨道环绕

　　一枚从地球发射的运载火箭搭载着一颗气象卫星冲出地球大气层，它将要把这颗气象卫星送入位于地球上空 560 千米的轨道。之后，火箭离开轨道，在地心引力的作用下返回地球，一般情况下，火箭在重返地球时坠毁。而此时，气象卫星已经到达了它在太空中的预定轨道，将沿着固定的路径环绕地球。

　　1957 年，苏联成功发射了人类第一颗人造地球卫星——"斯普特尼克 1 号"。之后，世界各国基本上都以同样的方式将自己的人造地球卫星送入轨道。2015 年，共有 1071 颗人造卫星在环绕地球的轨道上工作，这个数字一度达到 3000。

什么是在轨？

　　环绕地球的卫星和地球在进行着一场拉锯战：卫星直线飞出的趋势和地球引力向内拉的趋势。而在这两个力的平衡点，就产生了轨道。让物体保持在轨道上的速度是轨道速度，速度过快将进不了轨道，过慢将坠毁。一定的高度有一定的地心引力，对应

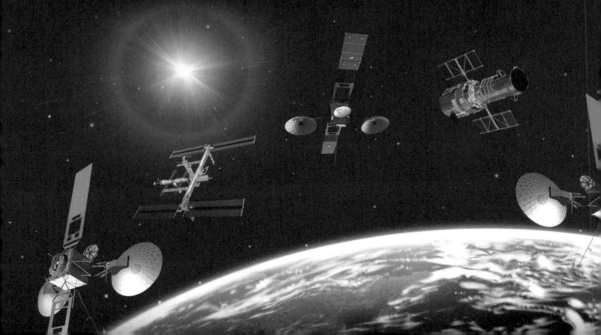

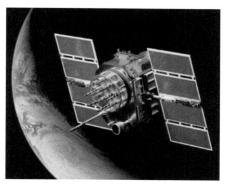

人造地球卫星基本结构：①金属框架的主体，称为卫星平台；②能量来源，一般都带有几片太阳能面板，或者使用核能电池；③计算机和通信系统、天线，用来保证卫星能够持续运转、通信、传递所需信息；④海拔控制系统，用来保证卫星处于正确位置并指向正确的方向

着一定的轨道速度。要想保持在地球上空 242 千米的高度，轨道速度要达到 7.6 千米 / 秒，轨道位置越高，轨道速度越慢。

根据轨道高度，人造卫星分布区域被划分为三个：近地轨道（低轨道）、中轨道和地球静止轨道。至于卫星要进入哪一个轨道，就要看它执行什么样的任务，想看到什么样的"风景"。

进入轨道

运载火箭航行到位于地球上空193 千米的位置时，便可以释放搭载的物体，比如人造地球卫星。随后，人们便可从地球上进行控制，让卫星进入近地轨道。

许多航天器都位于近地轨道。位于近地轨道的航天器包括了大部分人类送入太空的人造地球卫星。这些人造地球卫星通常要执行某项具体任务，例如绘制世界地图或跟踪军事数据等。它们位于距地球表面200~2000 千米的地方，以 6.9~7.8千米 / 秒的速度飞行。

导航卫星和通信卫星位于距地球表面 2000~35786 千米的地方，这个位置被人们称为半同步轨道或中轨道。

距地球表面 35786 千米的轨道叫作地球静止轨道，在这个轨道上的卫星，以 3.07 千米 / 秒的速度飞驰，运行方向与地球自转方向相同，运行周期与地球自转一周的时间相等。电视卫星和气象卫星进入的就是这个轨道。不夸张地说，它们的在轨时间可以达 100 万年之久。

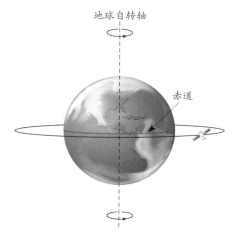

地球静止轨道是指人造卫星垂直于地球赤道上方的正圆形同步轨道。运动周期为 23 小时56 分 04 秒，与地球自转周期吻合。也就是说赤道圆周上的某一点在单位时间内转过多少角度，地球静止卫星也在轨道的圆周内转过相同的角度。如此，地球上的观察者始终可以在天空的同一个位置观察到这颗卫星，卫星就像在天空中静止不动

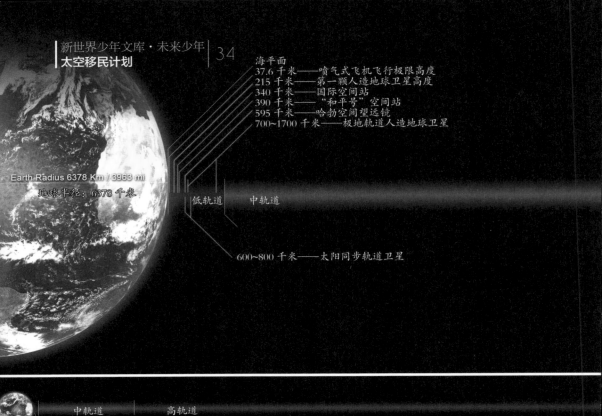

海平面
37.6 千米——喷气式飞机飞行极限高度
215 千米——第一颗人造地球卫星高度
340 千米——国际空间站
390 千米——"和平号"空间站
595 千米——哈勃空间望远镜
700~1700 千米——极地轨道人造地球卫星

低轨道　　中轨道

600~800 千米——太阳同步轨道卫星

中轨道　　　　高轨道

低轨道

变轨

卫星发射不是一轨到位，而是在环绕地球飞行的过程中经过几次变轨才到达预定的位置。最典型的是霍曼转移，名称来自德国物理学家瓦尔

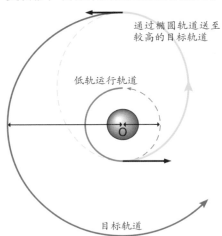

通过椭圆轨道送至较高的目标轨道

低轨运行轨道

目标轨道

特·霍曼（Walter Hohmann）。霍曼转移是先让航天器进入低轨运行，然后再通过椭圆轨道送往较高的目标轨道。这种方法只需引擎推进两次，相对地节省燃料。

在轨航天器在正常轨道运行的过程中，也需要变轨。一方面，变轨是为了躲避"太空垃圾"的伤害；另一方面，由于受地球引力影响，航天器的轨道会越来越低，需要不断地修正。

在拥挤的太空中航行

地球周围的在轨航天器大多数为气象、导航、通信等卫星，现在有1000 多颗卫星绕着地球飞行。其中

35786 千米——地球同步轨道和地球静止轨道卫星
地球同步轨道卫星环绕地球一圈的时间等于地球的自转周期，约
24 小时
地球静止轨道卫星是垂直于地球赤道上方的正圆形地球同步轨
道卫星。在这种轨道上的人造卫星始终对应地球表面的同一位
置。地球上的观察者始终可以在天空的同一个位置观察到卫星，
卫星就像在天空中静止不动。人造卫星，尤其是通信卫星，多采
用地球静止轨道

20350 千米——GPS 人造卫星
半同步轨道卫星，环绕地球一圈刚好 12 小时

高轨道

384000 千米
● 月球

包括以哈勃空间望远镜为代表的太空望远镜和巨大的国际空间站。

还有一些专门和国际空间站对接的航天器。人们可以在地球上操控航天器与国际空间站对接，国际空间站上的机器人手臂引导那些无人航天器，让它们在国际空间站的港口着陆。这些航天器带给国际空间站食物、装备以及其他补给品。

像航天飞机那样的太空修理台也是在轨航天器，可以在太空中开启舱盖，将哈勃空间望远镜、人造地球卫星等太空中的设备拽进舱里的修理台进行维修。不过，随着航天飞机的退役，这些太空设备现在只能靠它们自己了。但有私人航天公司已经制订计划，打算制造能进入太空并担负起修理职责的航天器。

你可能会问，为什么卫星不会相撞？实际上，卫星的运行受到地面的严格监视，卫星在发射时，就要保证进入轨道后不会与其他卫星相撞。

2009 年 2 月，曾发生一起一颗美国通信卫星和一颗俄罗斯通信卫星相撞的事件，这是类似事件的首次出现。

如此多的航天器飘浮在地球之外，虽然我们不一定看得见，但是每天都在和它们打交道：从打电话到传输地图信息，再到观察外太空，正是人造地球卫星等航天器的存在，让我们的生活变得更加轻松。

国际空间站

> 66
>
> 在 400 千米的高空，有一个人类的驻地——国际空间站，它以 8 千米 / 秒的速度环绕地球运行。除了月亮，它是我们目前看到的夜空中最亮的物体。倘若你在夜空中看到一个不闪烁的亮点在天空划过，恭喜你，你看到的很可能是国际空间站。
>
> 你可以把它看作一个国际驻地，这里有来自不同国家的宇航员；你还可以把它看成一个测试基地，将来要执行火星任务的飞船、设备和人员等都要先到这里测试和实习。
>
> 99

国际空间站是怎么建起来的？

国际空间站（International Space Station，简称 ISS）长 109 米，宽 73 米，比一个世界杯标准足球场稍大。如果想先在地球上建好，然后再发射升空，那么没有航天器可以搭载得了；而在太空中就地建造这个 400 多吨的大家伙也不实际。于是，科学家想出了一个办法，请各个参与国制造 100 多个模块或组件，再由航天飞机或运载火箭将这些模块带入太空，之后在轨道上将模块拼装在一起。

1998 年 11 月 20 日，俄罗斯建造的"曙光号"（Zarya）功能货舱发射，国际空间站项目开建。两周后，"团结号"（Unity）节点舱由"奋进号"航天飞机送入轨道。

之后，建造国际空间站的装配工作开始了。宇航员要通过太空行走将"团结号"和"曙光号"连接起来。

这张照片在正要离开的"亚特兰蒂斯号"航天飞机上拍摄。从上到下的组件依次为:"团结号"节点舱、"曙光号"功能舱、"星辰号"服务舱和入坞的"进步 M1-3 号"货运飞船

2000 年 7 月 26 日,"星辰号"(Zvezda)服务舱作为第三个组件与"曙光号"对接。"星辰号"是国际空间站的核心部件,它是一个圆柱形的工作室,宇航员可以在里面休息和工作。

2000 年 10 月,"星辰号"迎来它的首批 3 人居民团,他们也是国际空间站的建设者。随着组件陆续组装好,航天飞机带来更多的宇航员建筑师,宇航员每隔 3~6 个月进行一次更新和轮换。

机械助手

宇航员要在太空中将国际空间站的各部件拼接在一起,常常需要借助机器人系统。国际空间站建设初期,宇航员主要依靠的是宇宙飞船上的机械臂。2001 年,国际空间站有了自己的"手"——17 米长的"加拿大 2 号"(Canadarm 2)机械臂,它是移动服务系统(MSS)的最重要部件。它一端连在空间站上,另一端负责在空间站周围移动物资设备、帮助宇航员完成太空行走等。机械臂中

宇航员在美国"命运号"实验舱中操控"加拿大 2 号"机械臂

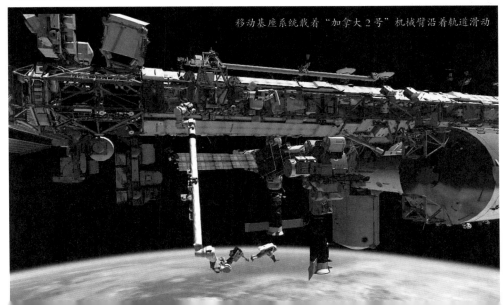

移动基座系统载着"加拿大 2 号"机械臂沿着轨道滑动

国际空间站的结构

国际空间站的组件共有 30000 多个工程规格。除了"星辰号"服务舱和机械臂，国际空间站的关键组件还包括可以容纳最多 7 人的生活舱、至少 6 个实验室、桁架（框架结构）、连接器和 16 个巨大的太阳能面板

"命运号"（Destiny）
实验舱

发射日期：2001 年 2 月 7 日
运载工具："亚特兰蒂斯号"
航天飞机

"命运号"是美国建造的实验舱，宇航员在里面进行过大量实验，它还拥有一个窗户，方便拍摄空间站外的景象

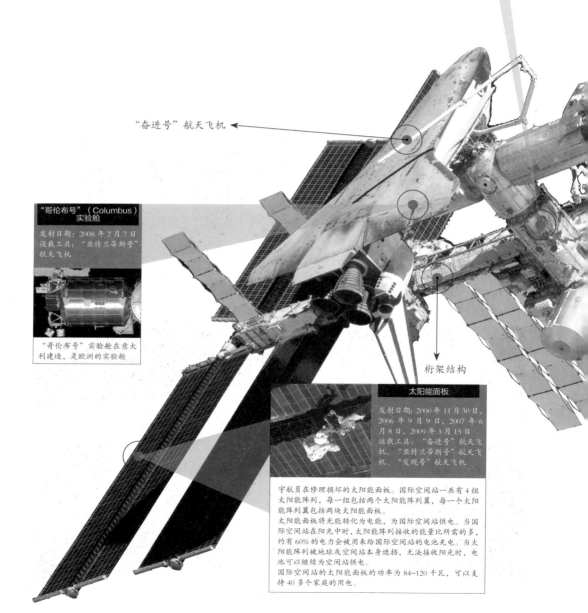

"奋进号"航天飞机 ←

"哥伦布号"（Columbus）
实验舱

发射日期：2008 年 2 月 7 日
运载工具："亚特兰蒂斯号"
航天飞机

"哥伦布号"实验舱在意大利建造，是欧洲的实验舱

桁架结构

太阳能面板

发射日期：2000 年 11 月 30 日、2006 年 9 月 9 日、2007 年 6 月 8 日、2009 年 3 月 15 日
运载工具："奋进号"航天飞机、"亚特兰蒂斯号"航天飞机、"发现号"航天飞机

宇航员在修理损坏的太阳能面板。国际空间站一共有 4 组太阳能阵列，每一组包括两个太阳能阵列翼，每一个太阳能阵列翼包括两块太阳能面板。
太阳能面板将光能转化为电能，为国际空间站供电。当国际空间站在阳光中时，太阳能阵列接收的能量比所需的多，约有 60% 的电力会被用来给国际空间站的电池充电。当太阳能阵列被地球或空间站本身遮挡，无法接收阳光时，电池可以继续为空间站供电。
国际空间站的太阳能面板的功率为 84~120 千瓦，可以支持 40 多个家庭的用电。

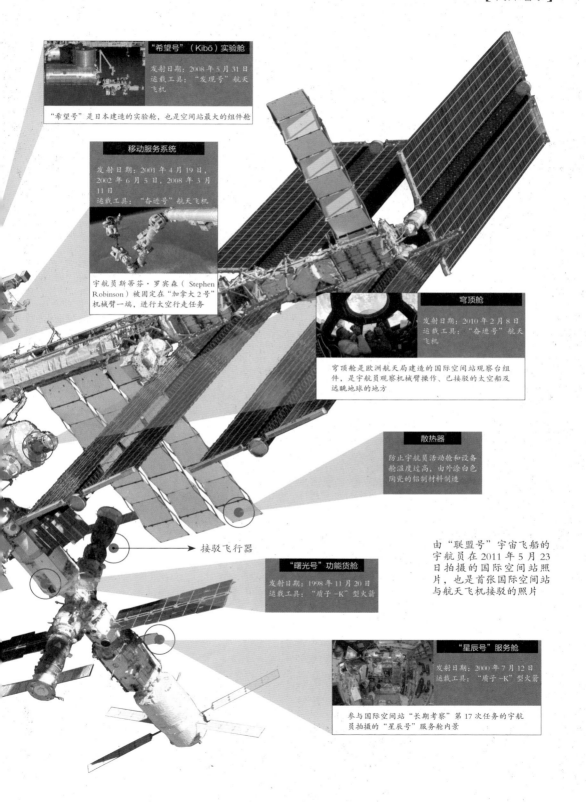

"希望号"（Kibō）实验舱

发射日期：2008年5月31日
运载工具："发现号"航天飞机

"希望号"是日本建造的实验舱，也是空间站最大的组件舱

移动服务系统

发射日期：2001年4月19日，
2002年6月5日，2008年3月11日
运载工具："奋进号"航天飞机

宇航员斯蒂芬·罗宾森（Stephen Robinson）被固定在"加拿大2号"机械臂一端，进行太空行走任务

穹顶舱

发射日期：2010年2月8日
运载工具："奋进号"航天飞机

穹顶舱是欧洲航天局建造的国际空间站观察台组件，是宇航员观察机械臂操作、已接驳的太空船及远眺地球的地方

散热器

防止宇航员活动舱和设备舱温度过高，由外涂白色陶瓷的铝制材料制造

→ 接驳飞行器

由"联盟号"宇宙飞船的宇航员在2011年5月23日拍摄的国际空间站照片，也是首张国际空间站与航天飞机接驳的照片

"曙光号"功能货舱

发射日期：1998年11月20日
运载工具："质子-K"型火箭

"星辰号"服务舱

发射日期：2000年7月12日
运载工具："质子-K"型火箭

参与国际空间站"长期考察"第17次任务的宇航员拍摄的"星辰号"服务舱内景

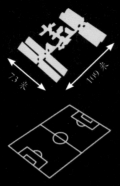

国际空间站略大于一个世界杯标准足球场

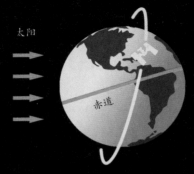

国际空间站环绕地球的轨道

间还有一个"胳膊肘",可以进行不同角度的弯折。当设备归位,伸在外面的一端就收回来。

不过,光有"胳膊肘"并不能让机械臂完成所有的工作。在地面,人可以行走到合适的位置拿放东西,空间站没有这个便利。如果需要维护的模块离机械臂过远,它就会够不着。设计者想到了这个问题,解决方法是让机械臂在国际空间站上移动。

机械臂实际安装在一个基座上,这个基座在空间站的主桁架上,有一条 108 米长的移动轨道。这样,机械臂就可以以 2.5 厘米 / 秒的最高速度移动到空间站主桁架上的任何位置,意味着它可以在空间站上任何地方进行工作。移动基座上还安装有2008 年发射的专用的灵巧机械操控系统,它有一个可以弯折、旋转的身子和两个胳膊,能够承担部分现在由宇航员操作的精密装配工作。

目前在国际空间站服役的还有连在"希望号"实验舱外的机械臂。多用途实验舱"科学号"于 2021 年 7月 21 日与欧洲机械臂一起发射,并于 2021 年 7 月 29 日与"星辰号"服务舱成功对接。

操作员会在国际空间站中监控机械臂的工作,不过不是在窗户后面观察,而是在电脑显示屏前。

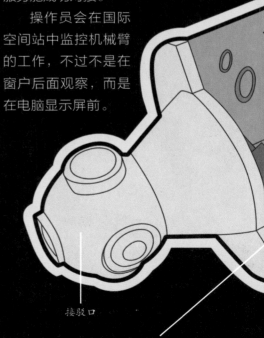

接驳口

监控台、警示面板、时钟等

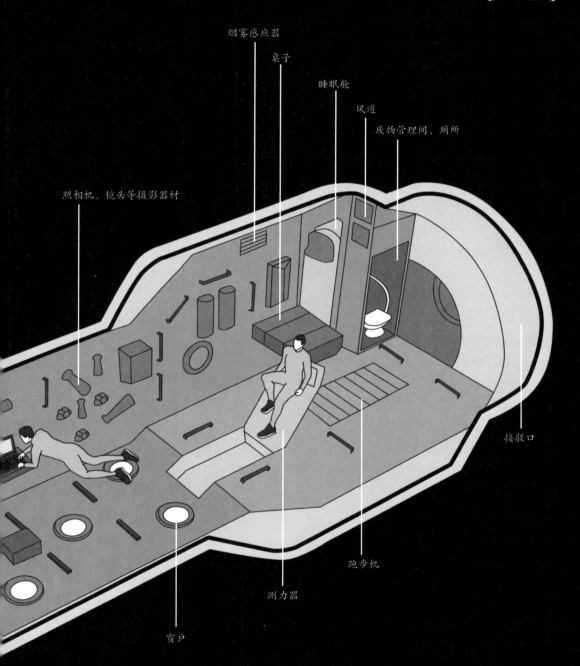

烟雾感应器

桌子

睡眠舱

风道

废物管理间、厕所

照相机、镜头等摄影器材

接驳口

窗户

测力器

跑步机

"星辰号"服务舱内部结构

国际空间站是研究微重力和太空环境的实验室，宇航员要在里面生活和工作。他们的主要活动空间之一是"星辰号"服务舱，这里有独立的动力装置、自动通信系统和单独的太阳能电池，有可供 2 名宇航员使用的生活间，里面有 1 台跑步机、1 辆自行车，当然还有厨房和卫生间

太空工作

在组装空间站的过程中，有很多工作需要宇航员亲自动手。在2011年6月前，为了安装这些部件，宇航员进行了159次太空行走，花费了1000多个小时。

在地球上，建筑工人可以轻松行动，但是在太空，宇航员必须格外小心。只有非常缓慢地移动，他们才能保持稳定。

地球上的建筑工人肯定无法体会太空工作的环境：温度可以在90分钟内从121摄氏度极速下降到零下156摄氏度。科学家和工程师必须对这些极端情况有所准备。比如，即便只是在舱外工作很短时间，组件里的液体也有可能被冻住，这时就需要在安装过程中为它们加热。而且，还要考虑热胀冷缩，考虑材料是否可以耐受这么巨大的温度变化。

欧洲航天局的宇航员在执行第116次飞行任务中的第2次太空行走。第116次任务是搭建一段桁架

高空固定

国际空间站建设面临的另外一个挑战就是如何固定。在350千米的高空，散逸的空气分子和飞行器碰撞，会产生微弱的大气阻力。还有不同高度上重力的微小差别的影响。这些力会导致空间站位置偏离，需要外力帮助它回位。因此，在国际空间站的"星辰号"服务舱搭载着一部推进器。此外，空间站还可以利用与空间站对接的航天飞机的引擎调整位置。

有的时候，空间站还需要这些动力装备来躲避太空垃圾。

其实，国际空间站在地球上空的"飘浮"路径并不是极为严格的。所有的调整都是为了保证不管空间站的质量和形状如何变化，它面对地球的一面永远不变，太阳能阵列要永远朝向太阳。

地球之外的建筑

对于建造者来说，国际空间站的建设必须有一个全面的规划才能保证装配程序的合理进行。项目规划从1984年就开始了，2010年做出的1985年到2015年的项目经费估算是1500亿美元，参与建造工作的人数超过10万。

经过十几年的建设，国际空间站的架构已经基本成型。它最初的设计寿命是到 2020 年。美国国家航空航天局与俄罗斯航天局已达成一致，将继续经营国际空间站到 2024 年，其后将共同规划新的空间站合作计划。新空间站计划除包括原有的国际空间站参与国外，还会让其他有意愿的国家一同参与。

中国也在建造自己的空间站。2021 年 4 月 29 日，中国

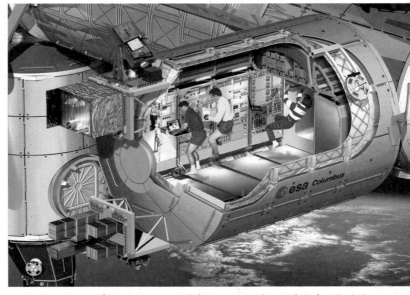

空间站天和核心舱在海南文昌航天发射场发射升空，标志着中国空间站在轨组装建造全面展开。10 月 16 日，中国空间站迎来了第二批宇航员，开

"哥伦布"实验舱由欧洲航天局设计并建造，是国际空间站永久实验舱（图片来源：欧洲航天局）

启了有人长期驻留时代。

也许有一天，你也能进入这些地球之外的建筑，参与它们的建设和维护，地球的景色将尽收眼底。

如果空间站可以自己旋转

先要给你这个科技迷提个醒，国际空间站目前并不能自己旋转。

右下角是一个可以旋转的轮型空间站设计图，诞生于 20 世纪 50 年代，是著名的火箭专家沃纳·冯·布劳恩（Wernher von Braun）的手笔。它可以通过旋转产生人工重力，宇航员就不用再担心失重引发的问题。

显然，安全可靠的提议占了上风，建成了今日的国际空间站。因为它不仅能满足基本的科研需求，而且经济实惠。况且，失重环境是国际空间站的重要研究对象。

轮型空间站

不过，早期的空间站设计确实包括一个可以人工控制的离心分离机，它能以不同的速率旋转。由于预算原因，这个构想最终未能实现。

第 III 章

[星球]
[之旅]

● 登上月球

● 天问一号

登上月球

月球是离地球最近的天体，人类在太空中的第一个脚印，就踏在月球上。

1969 年 7 月 21 日凌晨 2 点 56 分，阿姆斯特朗的左脚踏上了月球。

这时他说了一句被后人奉为经典的话："这是我个人的一小步，却是全人类的一大步。"

从 1958 年发射失败的执行近月飞行任务的"先驱者 0 号"开始，到 1969 年成功载人登月的"阿波罗 11 号"，人类仅花了 11 年时间。在这 11 年和随后的 20 多年时间里，探测月球的飞行任务都是在美国和苏联两个大国竞赛的背景下进行的。直至 20 世纪 90 年代，日本、欧洲、中国、印度才相继加入月球探测的行列，而人类未来的目标是在月球上建立常驻基地。

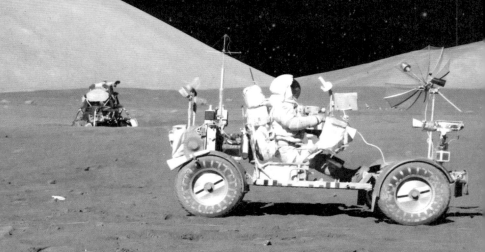

硬着陆和软着陆

　　硬着陆是指飞行器在重力作用下不采取任何减速措施，直接掉到着陆地点，这是一种破坏性的着陆方式。软着陆就是在着陆前通过一定的手段减小垂直速度，使之以一个可以接受的速度着陆，以保护飞行器和宇航员。

　　由于月球上没有空气，不能用降落伞软着陆，目前靠火箭喷向月面的高速热气流的反作用力实现软着陆。

　　世界上第一个在月球表面硬着陆的无人航天器是苏联的"月球2号"，于1959年9月12日发射，发射两

奥尔德林的太空靴和在月面留下的脚印

天后坠落到月球上。继"月球2号"后，苏联的几次月球表面软着陆任务相继失败，直到"月球9号"才成功。"月球9号"是人类第一个在月球上成功实现软着陆的探测器。

　　1966年1月31日11时41分，"月球9号"从拜科努尔航天中心

发射升空。2月1日，在距离月球8300千米时，"月球9号"上的修正发动机进行了中途轨道调整。在距月球表面75千米处，"月球9号"启动了制动火箭，将速度从2.6千米/秒逐渐降低。当距月球表面250米时，制动火箭被关闭，4个小型火箭开启；同时，探测器伸出一只探针用以确定关闭制动发动机的最佳时机。在距月球表面5米高处，探针接触到月表，"月球9号"成功降落在月球风暴洋上。

"月球9号"展开后的登月舱，直径约58厘米，质量为99千克，上半部分为电视照相机设备，下半部分则是电池、热控制器、通信系统

着陆后250秒，"月球9号"向地球发送信号并打开了顶部的4片"花瓣"。这4片"花瓣"除了可以稳定登月舱，还可以与4根75厘米长的鞭形天线一起组成通信系统。之后，由固定镜头和旋转镜头组成的摄像机组件开始拍摄着陆区附近的黑白照片。

苏联在对"月球9号"传回的数据分析后得出结论：月球表面是坚固的，人类完全可以降落在月球上。

人类的脚印

"阿波罗计划"是美国国家航空航天局1961年持续至1972年的一系列载人航天任务，主要目标是载人登陆月球并安全返回地球。"阿波罗11号"宇宙飞船首次达成了上述目标。

装载着"阿波罗11号"的"土星5号"运载火箭于当地时间1969

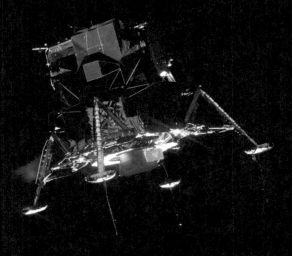

由尼尔·阿姆斯特朗拍摄的巴兹·奥尔德林，在奥尔德林的面罩上可以看到阿姆斯特朗的影像

年 7 月 16 日 9 时 32 分在肯尼迪航天中心发射升空。3 位执行此任务的宇航员分别为指令长尼尔·阿姆斯特朗、指令舱驾驶员迈克尔·科林斯与登月舱驾驶员巴兹·奥尔德林。飞船经过 3 天的飞行，进入了月球轨道。

"阿波罗 11 号"的首选登陆点在宇静海南部。选择这个登陆点的原因是它比较平整，不会在登月舱降落和舱外活动时制造太多困难。当飞船在月球背面时，"鹰号"登月舱从"哥伦比亚号"指令舱中分离并开始下降。当登月舱向月面降落时，表明电脑过载的警报器开始响起。"鹰号"在下降弹道中多飞了 4 秒，也就是说登月点会比计划偏西若干千米远，那里是不利于登陆的危险地段。飞行控制指挥官史蒂夫·贝尔斯在"终止登月计划"和"尝试登月"的抉择中选择了后者。登月舱不断下降，在月面上空大约 9 米时，所剩的燃料仅够 30 秒钟之用。阿姆斯特朗在遍布砾石和陨石坑的月面冷静地找到一处适合着陆的地方，并驾驶登月舱稳稳地降落在

月球上。准确的登陆时间是 1969 年 7 月 20 日下午 4 时 17 分 43 秒（休斯敦时间）。

近 3 个小时的仪器检查之后，两位宇航员穿上了价值 30 万美元的太空衣，降低了登月舱内的压力。接着，阿姆斯特朗背朝外，开始从 9 级的梯子上慢慢下移。在第 2 级阶梯上他打开了电视摄像机，大约 6 亿观众看着他小心地下降到荒凉的月球表面上。随后，奥尔德林也踏上月球。两位宇航员带着两个铝质的盒子，用于盛装采集的月球样本——包括月球表面的尘埃和石块。此外他们还带上了一个月震检波器，目的是看看月球有没有地质活动。

两人在月表活动了两个半小时后返回"鹰号"，随后乘坐"鹰号"上升级，带着 21.55 千克的月面样本离开月面返回绕月轨道，与"哥伦比亚号"指令舱会合。

"阿波罗 17 号"的宇航员尤金·塞尔南在月球上驾驶月球车

起源石（Genesis Rock）是"阿波罗 15 号"宇航员詹姆斯·艾尔文和大卫·斯科特从月球带回的月表岩石标本。对起源石的化学分析显示，它是在太阳系早期形成的，已有几十亿年的年龄

从"阿波罗 11 号"到"阿波罗 17 号"，人类共有 6 次登月成功，有 24 名宇航员和科学家曾接近或者真正登上月球，其中有 12 人在月球上留下了脚印。1972 年以后，再也无人登月。

中国的"嫦娥"

中国的探月工程亦称"嫦娥工程"，于 2004 年正式启动。嫦娥工程整体可以分为"探""登""驻"三大步骤，概称"大三步"，分别指无人探月、载人登月、长久驻月。其中无人探月部分便是目前实施的"中国探月工程"，分为"绕""落""回"三个期段，统称"小三步"。

一期"绕"月：嫦娥一号、二号分别于 2007 年和 2010 年发射，分别在距离月球表面 200 千米和 100

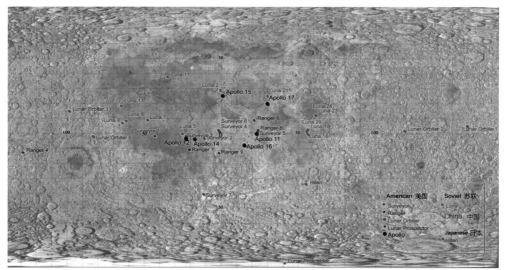

留在月球表面的人造着陆器

中国的第一辆月球车"玉兔号"

千米的高度绕月飞行，进行月球全球探测。

二期"落"月：嫦娥三号（携"玉兔号"月球车）、四号（携"玉兔二号"月球车）分别于 2013 年、2018 年发射月球，软着陆成功，释放了月球车，进行局部详细探测。嫦娥四号于 2019 年 1 月在月球背面软着陆，实现了世界首次在月球背面软着陆和巡视勘察。

三期"返回"：嫦娥五号于 2020 年 11 月 24 日在海南文昌航天发射场发射升空，完成月球表面自动采样任务后，于 12 月 17 日在内蒙古四子王旗着陆场着陆，成功采样返回。这是继苏联"月球 24 号"之后时隔 44 年人类再次从月面带回月球样本。

未来计划：嫦娥六号、嫦娥七号、嫦娥八号计划于 2023—2027 年对月球展开进一步综合探测和科研活动，包括对月球的地形地貌、物质成分、空间环境等进行一次综合探测。

人类外太空活动的指导方针

在尼尔·阿姆斯特朗和巴兹·奥尔德林登上月球前，1966 年 12 月 19 日联合国大会通过《外层空间条约》，1967 年 1 月 27 日开放供签署，并于同年 10 月 10 日生效。《外层空间条约》提出了人类外太空活动的指导方针，其中包括：

外层空间（包括月球和其他天体）不属于任何国家，应为全人类的开发范围；

世界上任何国家都有权对外太空进行和平探索和利用；

太空探索应造福全人类；

各国应对其在探索太空时造成的破坏、产生的太空垃圾及太空污染负责。

天问一号

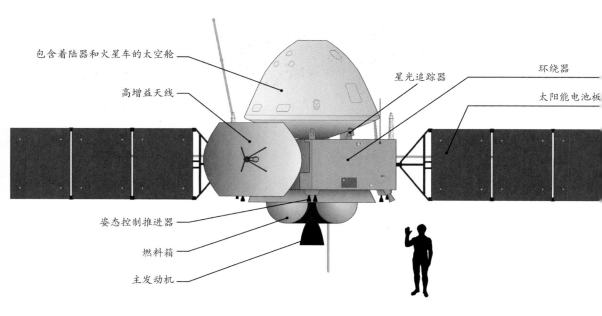

包含着陆器和火星车的太空舱

星光追踪器

环绕器

高增益天线

太阳能电池板

姿态控制推进器

燃料箱

主发动机

2021 年 5 月 22 日，中国首次自主发射的火星探测器"天问一号"搭载的"祝融号"火星车缓缓驶下着陆平台，踏上了红色的火星大地。尽管前面是充满未知的异星世界，但对于"天问一号"来说，整个探险之旅中最困难、最危险的阶段已经过去了。在过去的 10 个月中，它实现了诸多壮举——摆脱了地球引力的束缚，在太空中长途跋涉了 4.7 亿千米，并安全降落到了火星表面。

行程规划：借道霍曼转移轨道

去火星绝非易事，火星与地球都在绕着太阳公转，两者的相对位置在不断变化。地火距离最近的时候有 5400 万千米，最远时更是高达 4 亿千米。好在我们已经找到了一条能尽量节省燃料，并减少变轨次数的地火路线，就是德国工程师瓦尔特·霍曼在 1925 年提出的霍曼转移轨道。这条轨道是以太阳为焦点，连接着地球和火星公转轨道的半个椭圆。椭圆与

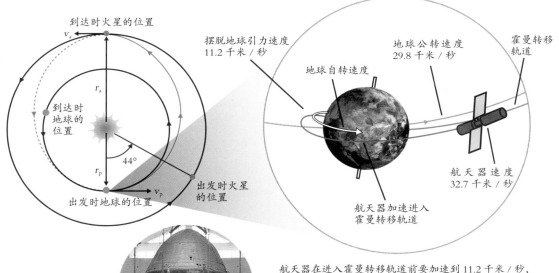

摆脱地球引力速度 11.2 千米／秒

地球公转速度 29.8 千米／秒

霍曼转移轨道

地球自转速度

航天器速度 32.7 千米／秒

航天器加速进入霍曼转移轨道

到达时火星的位置

到达时地球的位置

出发时火星的位置

出发时地球的位置

v_a r_a r_p v_p 44°

航天器在进入霍曼转移轨道前要加速到 11.2 千米／秒，这样在摆脱地球引力后，加上地球公转速度，可以达到 32.7 千米／秒的霍曼转移轨道速度

携带登陆器、"祝融号"火星车和环绕器的"天问一号"

地球轨道外切，同时与火星轨道内切。以出发时的地球为近日点，相对于太阳的速度最大，达到 32.7 千米／秒，以到达时的火星为远日点，相对于太阳的速度最小，为 21.5 千米／秒。航天器从地球出发，沿着霍曼转移轨道"抄近路"就可以从后面追上火星。理论上，航天器只需要在离开地球和抵达火星时分别加速一次就可以了。一次是离开地球轨道时，加速到 32.7 千米／秒以进入霍曼转移轨道，另一次是离开霍曼转移轨道进入火星轨道时，从 21.5 千米／秒加速到火星的公转速度 24.5 千米／秒。要走这条轨道的话，航天器出发时地

球和火星的相对位置必须合适，也就是说有一个比较短暂的发射窗口，这个窗口每隔 26 个月才会出现一次。

要把航天器送入霍曼转移轨道，不仅要挣脱地球引力，还要额外再快一点，因为航天器在转移轨道上的速度比地球的公转速度 29.8 千米／秒更快。去往火星的航天器一般会先由运载火箭的第一级送入低地停泊轨道，但它不会在轨道上环绕地球运行完整一周，一旦抵达合适位置，火箭的第二级就会点火，把它送入霍曼转移轨道。在 300 千米高的停泊轨道上时，航天器相对于地球的速度是 7.7 千米／秒，第二级火箭点火后，会把它加速到 11.2 千米／秒。这样，在摆脱地球引力，一部分动能转化为引力势能后，它相对地球的速度仍有 2.9 千米／秒，这个速度加上地球公

第一次中途修

转速度（29.8 千米 / 秒）就是航天器相对于太阳的速度 32.7 千米 / 秒，正好达到了霍曼转移轨道的速度。

发射运载火箭

为了尽量节省燃料，更轻松地进入预定轨道，航天器在发射时要借助地球的自转。越靠近赤道，地表自转速度就越快，因此低纬度的发射场优势更大。"天问一号"的发射场地选在海南的文昌航天发射场，就是出于这种考虑。

担负火星探测任务的航天器质量各异，对火箭运载能力的要求也不同，但不管怎样，火星发射任务对火箭的要求都要比将航天器送入地球轨道任务的要求高。如果火箭能力不足的话，还有一个办法，就是航天器搭乘火箭进入绕地球轨道后不直接变轨进入霍曼转移轨道，而是绕地球运转几圈，启动自己的发动机逐渐加速，最终进

2020 年 7 月 23 日，搭载"天问一号"的长征五号遥四火箭在海南文昌航天发射场发射

入转移轨道，印度的火星探测器"曼加里安号"就采用了这种办法。

近年来，还有科学家提出可以不用霍曼转移轨道，而是用所谓的弹道捕获轨道前往火星。这样的话，航天器抵达火星时速度较慢，不需要再启动发动机刹车，在火星引力作用下可以自动进入环火星轨道。航天器不需要携带较多的燃料，发射时对火箭的要求也就宽松了，日本"飞天号"就曾靠这种轨道抵达绕月轨道。

飞行与到达

由于"天问一号"搭乘的长征五号遥四火箭力气足够大，质量接近 5 吨的它可以直接进入霍曼转移轨道，无须这么复杂的流程。2020 年 7 月 23 日下午，"天问一号"在海南文昌航天发射场腾空而起，飞行 2000 多秒后进入预定轨道，开始了前往火星的漫长旅程。

刚进入转移轨道时，"天问一号"相对太阳的速度超过了 30 千米 / 秒，比地球速度更快。而随着它在椭圆轨道上与太阳渐行渐远，速度也逐渐减慢。尽管理论上走霍曼转移轨道的航天器只需加速两次，但实际飞行中难免出现各种偏差。为了与火星精准相遇，"天问一号"途中进行了四次轨道微调。在飞行 4.75 亿千米，实际用时 202 天后，它终于在 2021 年

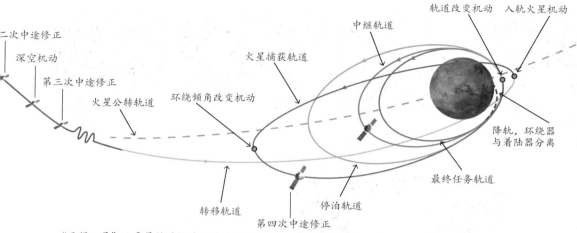

"天问一号"从霍曼转移轨道转移到火星轨道后，进行多次变轨，并从环火星赤道转为环南北极，然后进入火星停泊轨道，在停泊轨道观测着陆区。准备充分后，"天问一号"降轨，环绕器与着陆巡视器分离。之后，环绕器又升轨，返回停泊轨道，调整后进入最终任务轨道

2月10日抵达了火星。

当"天问一号"与火星相遇时，如果不考虑火星引力，它相对太阳的速度大约是 21.5 千米 / 秒，比火星速度慢。理论上要从霍曼转移轨道转移到火星轨道，与火星同步，它需要一次加速。但实际上，当"天问一号"接近火星时，会在火星引力作用下加速，这不仅让它相对于太阳的速度反超火星，还让它相对于火星的速度超过了环绕火星所需的轨道速度。因此，"天问一号"要进入环火星轨道反而需要减速，否则就会掠过火星飞向宇宙深处。启动自己的轨道控制发动机以"刹车"减速后，"天问一号"成功被火星引力俘获，进入了环绕火星运转的轨道。此后，"天问一号"又多次变轨，将轨道从环火星赤道转为环南北极，并在 2 月 24 日进入火星停泊轨道，也就是为后续转移到另一条轨道而暂时停留的轨道。

在 2020 年这个发射窗口启程前往火星的地球访客不止"天问一号"一个，美国的"毅力号"火星探测器和阿联酋的"希望号"火星探测器也是在此期间发射的。不同于直接着陆的"毅力号"和一直环绕火星运转的"希望号"，"天问一号"要同时实现"绕、落、巡"三个目标。它既有环绕器，也有着陆巡视器，前者将停留在火星轨道上，成为火星的人造卫星，在高空观测火星表面；后者由进入舱以及其内携带的着陆平台和"祝融号"火星车组成，进入舱负责向火星表面降落，成功着陆后，火星车就开始在火星表面巡视探测。

实现了"绕"这个目标的"天问一号"没有急于放下着陆巡视器，这是因为此前中国缺少火星环境资料，不了解预定着陆区域的具体状况。要确保安全着陆，环绕器要在停泊轨道上对着陆区进行观测，既要勘测那里

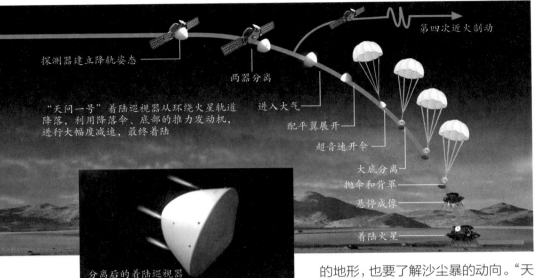

探测器建立降轨姿态

两器分离

进入大气

配平翼展开

超音速开伞

大底分离

抛伞和背罩

悬停成像

着陆火星

第四次近火制动

"天问一号"着陆巡视器从环绕火星轨道降落，利用降落伞、底部的推力发动机，进行大幅度减速，最终着陆

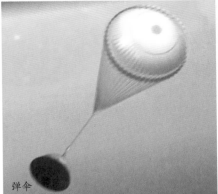

分离后的着陆巡视器

弹伞

探测避障

的地形，也要了解沙尘暴的动向。"天问一号"的停泊轨道是所谓的回归轨道，即轨道的近火点始终位于着陆区的正上方，这种轨道可以让探测器每绕火星转一圈都靠近一次着陆区，对其进行近距离观测。

着陆

在停泊轨道上运转了近3个月，"天问一号"终于准备充分，启动了着陆任务。5月15日凌晨，"天问一号"开始从停泊轨道降轨，随后环绕器与着陆巡视器分离。分离约30分钟后，环绕器又重新升轨返回停泊轨道。而着陆巡视器经过约3小时的飞行后，来到了距离火星表面125千米的进入点，进入火星大气，开启了持续仅9分钟，却异常惊心动魄的着陆过程。

"天问一号"的着陆过程与之前

那些火星探测器大同小异。"天问一号"之所以用的时间更长，而不是人们常说的"恐怖 7 分钟"，是因为它是从环火星轨道开始降落的，进入火星大气时的速度较慢。而其他探测器大多在抵达火星后直接开始降落，进入火星大气时的初始速度要比"天问一号"快。

当然，对着陆过程来说，这点速度差异没什么实质影响，"天问一号"着陆巡视器仍需大幅减速，从约 5 千米 / 秒降到可以轻轻落到火星表面的速度。为了实现这个目的，着陆巡视器首先要靠火星大气的阻力减速。迅猛的减速过程把着陆巡视器的动能转化成了热量，产生的高温足以烧毁火星车，因此，着陆平台和"祝融号"

火星车都藏在一个隔热的防护罩里，以度过这个危险的阶段。第一阶段结束时，着陆巡视器的速度已降低到每秒数百米，约 2 倍声速，高度也下降到了约 11 千米处。此时，着陆巡视器弹出降落伞，抛掉已完成使命的隔热大底。着陆巡视器底部的探测雷达和相机暴露出来，开始观察地面。

当高度降低至 1.2 千米时，减速到约 95 米 / 秒，着陆巡视器抛掉背罩和连接在上面的降落伞，同时启动底部的大推力发动机，进一步降低下落速度。着陆巡视器的发动机不仅能减速，还能帮它调整水平位置，根据观察结果选定最合适的着陆位置。最终，着陆巡视器以 1 米 / 秒左右的速度缓缓下降至距火星表面数米的高

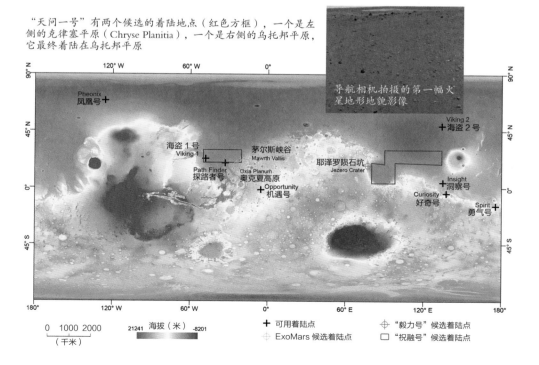

"天问一号"有两个候选的着陆地点（红色方框），一个是左侧的克律塞平原（Chryse Planitia），一个是右侧的乌托邦平原，它最终着陆在乌托邦平原

度。随后它关闭发动机，4 条着陆腿稳稳地落在了首选的着陆点——乌托邦平原南端。

乌托邦平原是火星上最大的平原，"天问一号"选择在这里着陆，是为了尽量降低难度，提高成功率。乌托邦平原是被火星熔岩填平的低矮平原，"天问一号"的着陆点地势平缓，陨石坑和碎石也很少。另一方面，乌托邦平原本身的科研价值也很高。火星的最大谜题就是它是否拥有或曾经拥有生命。生命离不开液态水，而乌托邦平原很可能是远古火星海洋的所在地，"天问一号"此次的着陆点就在这个古海洋的沿岸地带。另外，此前有研究发现，乌托邦平原表面之下 1~10 米的范围内可能存在大量地下水冰，储水量相当于地球上面积最大

的淡水湖。更让科学家兴奋的是，着陆点附近还有一些痕迹，很像是泥火山留下的。这类地下泥浆喷射现象在地球上往往与细菌生成的甲烷有关。

探测

背负着科学家期待的"祝融号"并没有立刻离开着陆平台，开始探索火星。它首先要调整自己的状态，看看是不是一切正常。它升起相机桅杆，展开了通信天线和如同蝴蝶翅膀的 4 块太阳能电池板，之后开始观察周围的环境，并与地球取得联系。

"祝融号"有两个天线，一个是可以调整方向的定向天线，一个是固定的全向天线。着陆后，"祝融号"立刻通过定向天线与地球上的测控站直接通信，让我们在 15 日当天就能确认着陆任务已经成功。此时，已经返回了停泊轨道的环绕器再次变轨，于 17 日进入中继通信轨道，在"祝

"祝融号"离开着陆平台（后侧相机拍摄）

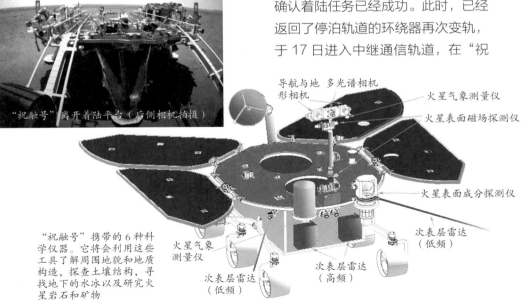

"祝融号"携带的 6 种科学仪器。它将会利用这些工具了解周围地貌和地质构造，探查土壤结构，寻找地下的水冰以及研究火星岩石和矿物

导航与地形相机　多光谱相机　火星气象测量仪

火星表面磁场探测仪

火星表面成分探测仪

火星气象测量仪

次表层雷达（低频）

次表层雷达（高频）

次表层雷达（低频）

"天问一号"的环绕器携带中分辨率相机、高分辨率相机、环绕器次表层探测雷达、火星矿物光谱分析仪、磁强计、火星离子与中性粒子分析仪、火星能量粒子分析仪共7种科学设备。它将了解火星地形地貌特征及变化，探测火星大气、表面及土壤结构等

融号"和地球之间架起了通信桥梁。此后，"祝融号"用全向天线向环绕器发送图像数据，测控站开始接收到"祝融号"拍摄的火星照片。

一切就绪后，"祝融号"在5月22日驶向火星表面，正式开始了探索。"祝融号"配备了主动悬架，能让车体升降，还能抬起某个轮子，不用担心车轮陷入松软的地面。它的6个车轮都是单独驱动的，即便有一个车轮故障也不会丧失移动能力。

环绕器和"祝融号"都担负着繁重的科研任务，除了探究火星是否存在过生命或是否有适宜生命生存的环境，它们还要研究火星的演化过程。为此，"祝融号"配备了火星表面成分探测仪、多光谱相机、导航与地形相机、火星车次表层探测雷达、火星表面磁场探测仪、火星气象测量仪，共6种科学仪器。它将会利用这些工具了解周围的地貌和地质构造，探查土壤结构，寻找地下的水冰。此外，还要研究火星表面矿物和岩石的类型，分析其化学成分。

例如，火星表面成分探测仪有一支高能激光"枪"，能发出强激光脉冲，让照射到的土壤或岩石气化。它会发出瞬时功率达到百万瓦的强激光脉冲，并聚集在0.2~0.5毫米的光点内，产生很高的温度。光点处的矿物或岩石会瞬间被加热为等离子气体，探测仪趁机分析气体的光谱，就能确定这些岩石中含有哪些元素。而次表层探测雷达可以向火星表面发射无线电波，电波会在地下10~100米的深度遇到各种障碍物后反射回来。根据这些反射回来的电波，探测雷达就能判断土壤厚度有多少，地下是否有水冰，冰层结构又是怎样的。

但不管怎样，火星车携带的仪器功能还是有限的，在遥远的火星上，就地分析土壤和岩石，肯定不如把样本带回地球来研究效果好。因此，美国的"毅力号"火星车打算采集样本保存起来，留待后续任务取回地球。中国也有计划在2030年前后实施火星取样返回任务。而要实现这样的目标，至少需要一个着陆火星后带着样本升入环火星轨道的上升器和一个留在轨道上、等着接到样本后返回地球的轨道环绕器。这样的任务无论是复杂程度，还是对火箭运载能力的要求都要远高于现在的火星任务。不过，如果能真的把火星岩石带回地球，那么，我们对这颗红色行星的认识无疑会更进一步，这或许将会是人类亲自登上火星之前的又一重要里程碑。

第 IV 章

[太空移民]

- 重返月球
- 如何实现载人火星往返
- 火星地球化
- 火星移民

重返月球

66

在很多方面，我们对月球的了解远比对其他任何地外星
球更加透彻。虽然如此，仍有诸多与月球相关的谜团未揭开。
值得注意的是，月球是太阳系 45 亿年历史的见证者。宇宙
间没有一个星球像它这样，可以让我们清晰地回溯地球以及
类地行星的形成过程，了解地球上生命起源的情形。
——摘自 2007 年美国国家科学研究委员会
《探索月球的科学背景》一文

99

建立月球基地

与 1969 年相比，如今的世界已大不一样，但有一件事没有改变，那就是世界上大多数国家依旧痴迷月球。如今，政府不再是唯一有能力在月球上开展各项活动的主体。美国月球快车公司 (Moon Express) 和美国太空探索技术公司正在竞争月球地产，参与这场竞争的还有来自世界各地的能源公司和科学家。如此看来，月球将来会变成比现在热闹百倍的地方。

从月球上观赏——月球远端天文台

对天空中的月亮大家都不陌生，但我们所知的大面积玄武岩平原仅仅是月亮的局部面貌。由于月亮绕轴自转的速度与它绕地球公转的速度几乎一样（均为 27.3 天），一个位于月球远端的陨石坑永远也不会

面对地球。然而，人造卫星帮助我们捕捉到了这个在地球上无法看到的景象。

在一些宇航员看来，月球远端是一个十分令人兴奋的地方，那里最适合建设天文台。因为月球没有大气，在月球上架设的射电望远镜能够探测到那些通常被地球大气阻挡在外的紫外线、红外线和 X 射线。此外，地球上充斥着来自电视和无线电传输、手机通信、雷达以及各种卫星的电磁干扰，在月球上架设的射电望远镜则不会出现上述背景杂音。这就意味着在月球上架设的射电望远镜能够接收到宇宙中更加微弱的信号。

月球远端天文台最令人兴奋不已的，是让我们能够观测宇宙黑暗期——第一代恒星形成、星系开始组织起来的时期。通过从非离子化氢气中捕捉的极低频率无线电信号，天体物理学家能够更好地计算第一代恒星

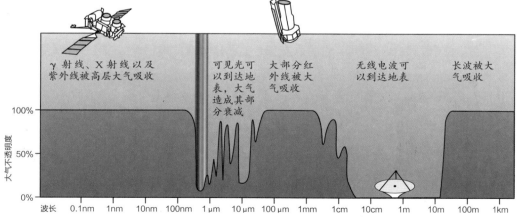

地球大气层对来自太空的射线有很强的吸收和反射作用。事实上，抵达地表的射线只是一小部分。图中显示了一个透明的无线电波"窗口"和一个受干扰的可见光波段"窗口"，只有这两个波段的射线可以到达地表

西澳大利亚州默奇森广角射电望远镜阵列的一部分

在何时、以多大速度开始在它们的环境中发生巨大的变化。一个月球远端天文台项目计划架设几百台覆盖月球近 2 平方千米的射电望远镜。与光学望远镜不同，射电望远镜没有镜头，它们通过天线探测不在可见光光谱范围内的无线电波。因此，在月球上，射电望远镜在有月尘的情况下比光学望远镜更好使。

2008 年，美国国家航空航天局决定，让美国麻省理工学院的杰奎琳·休伊特（Jacqueline Hewitt）博士领导一个小组，为一组月球射电望远镜阵列制订计划。为了更详细地了解这个模式，休伊特的团队与澳

大利亚几所大学及美国哈佛大学合作，在澳大利亚的西澳大利亚州架设了一组超过 200 个偶极子天线的阵列，称为"默奇森广角射电望远镜阵列"（MWA）。不过，即使在地球上最不受无线电干扰的地区，地球大气中的电离层也充满了电荷，这会扰乱从早期宇宙阶段传来的无线电波。基于这些原因，休伊特博士相信，月球远端将成为开展宇宙黑暗期研究的最佳区域。

照亮世界——月球环

想象一下：在月球赤道上建造一个环绕整个月球的太阳能电池组，电池组将收集到的能量转化成微波和激光后发射回地球上的接收站，供人们使用。这不是科幻故事，而是日本清水建设株式会社提出的利用太阳能的构想——月球环。月球环最早将于 2035 年开始建设。

这个构想萌发于 2011 年日本福岛核灾难发生后，目的在于寻找替代

拟建的月球环太阳能阵列，远处为地球
（图片来源：日本清水建设株式会社）

核能的清洁能源。月球环不受乌云或坏天气的影响，能够全天 24 小时收集太阳能，这将使目前地球可利用能源量翻倍。此外，增加的能源甚至可能令新兴技术蓬勃发展。

当然，要实现月球环的构想并不容易。建造接收站和太阳能阵列是一项巨大的工程。另一大问题是月尘，它可能覆盖或破坏太阳能电池组。日本清水建设株式会社希望找到方法解决所有这些问题。或许你在有生之年，可以看到月球不仅仅能照亮夜空，还有可能负责地球上的照明。

月球基地阿尔法

建造月球基地或实现月球移民的设想早在 1684 年就已出现，那是英国的约翰·威尔金斯（John Wilkins）主教在其著作《关于一个新世界和另一颗行星的讨论》里提出的。近几十年来，这种设想越来越流行。理论物理学家斯蒂芬·霍金（Stephen Hawking）博士认为，如果不拓展到太空，人类将不可能在

艺术家描画的穹顶状月球基地，其大部分建筑位于地下。穹顶是借助 3D 打印技术打印出来的（图片来源：欧洲航天局／英国福斯特建筑事务所）

工作原理：利用激光和微波回传能量

之所以选择利用激光和微波将月球环收集到的太阳能传回地球，是因为激光和微波能传播无限远的距离，并且能够很容易地通过地球的大气层。激光和微波能以电磁能的不同形式将已储存的太阳能传回地球。

在接收站，微波辐射将会被直接转化成直流电。而位于海洋和赤道附近沙漠（那里很少阴天）中的激光接收站能够利用光电池（例如太阳能板）将集中、细窄的激光转化成电能。此外，一些海洋中的接收站能够利用能量和海水制造氢气，当作燃料储存或使用。

未来几千年中存活，因为"对于一颗行星来说，有太多灾难可能发生了"。美国国家航空航天局前局长迈克尔·格里芬（Michael Griffin）认同霍金博士的观点，他说："未来的某一天，住在地球以外的人类数量将多于居住在地球上的人类数量。"因为距离地球如此之近，月球经常被当作星球移民的第一站。

如今，相关人士正在认真考虑几个有关建立月球基地的构想，一部分原因在于发现了表明月球储水量比预计多的证据。此外，还发现了熔岩穴，可以用它保护人们免受流星雨、辐射以及太阳耀斑的侵袭。在熔岩穴中建造建筑还可以减少挖掘工作量、调控温度，也不用额外建造墙和天花板。欧洲航天局甚至

建议，所需相关建筑材料可以借助3D 打印技术，用月球上的土壤直接在月球上打印出来！

然而，批评者提出了质疑。为什么要在月球而不去火星建造基地？还有，如果机器人能够在月球上建造基地，为什么还要把人送到月球上去建呢？格里芬局长反驳道："只有当你清楚你想知道些什么以及你想得到何种测量数据时，送机器人方是种理想的选择；但当你不清楚你想知道些什么的时候，送机器人去是不明智的决定。与机器人相比，人类更善于注意一些有趣的细节或模式，进而提出值得研究的问题。"

随着人类对月球开发的兴趣与日俱增，建造在月球上的研究基地又有了另一种实际用途，就是为了今后能够持续研究月球而保护月球环境。月球环与其他几个相关的建造月球基地的提案正得到越来越多人的支持。

想要进一步利用月球的潜能，还有很多事情要做。每一个项目的机会和成本都需要认真计算。月球居住地必须经过开发和测试。科学家、政府官员、商人以及普通民众需携起手来共同打造月球的未来。那么，你将在其中扮演什么样的角色呢？

一个直径为 16 米的充气式居住舱，能满足 12 名宇航员在月球上生活和工作的需求

头盔为宇航员提供氧气，头盔上的面窗能阻挡来自太阳的有害光线

航天服的背部是生命保障系统，保证宇航员在太空中的正常呼吸

14 层厚的航天服可避免宇航员直接接触太空。航天服配有加热器，用来保持宇航员的体温

航天服前面像是按钮和刻度盘的装置叫电控台，它包括宇航员执行舱外作业时必需的仪表、控制器

航天服的下半身包括靴子和裤子。航天服上下两部分通过腰封连接

宇航员进行舱外作业时必须穿上舱外机动套装。套装就像一个小型的宇宙飞行器，帮助宇航员对抗太空中的恶劣环境，同时将宇航员全身包裹在内，以免皮肤暴露在太空中而受伤

地球 T

T 土星
T 金星
T 海王星
T 冥王星

如何实现载人火星往返

　　人类现在还没有做到让宇航员飞抵火星、登陆、完成任务并返回地球，不过，科学家已经进行了大量的载人火星任务的研究。我们来看看科学家的可行性设想，并设计一次可能的行程。

　　人类往返火星的任务大致分为三个步骤。

　　第一步是从地球向火星发射大部分的地表基础设施，这需要多次大载荷发射，并在太空进行一些组装。从地球飞抵火星最佳的发射时机为每26个月1次的"窗口期"。发射的飞船会在大概8个月后到达火星，也就是说，在宇航员还没有从地球起程之前，基础设施已经到达火星，在那里等候了。

　　第二步是将宇航员送入太空。在发射基础设施26个月后的新窗口期内，需要进行两次发射。其中一次是将宇航员送达火星表面，另一次发射是将从火星返回地球的航天器送入环绕火星轨道，等待宇航员从火星返航。

第三步是返航。在登陆火星后的下一个返程窗口期，宇航员开始从火星返航。在火星停留了约18个月的宇航员乘坐上升飞行器从火星升空，在上升飞行器与火星轨道上的返回式航天器对接后进入返回式航天器，最后经过8个月的航程到达地球。为期60个月的火星之旅宣告结束。

我们先来分析发射时机，也就是上述的"窗口期"的原理。

最佳发射时机与运行轨道

为什么在窗口期发射飞船可以最快地到达火星呢？由于地球和火星的轨道形状与公转周期的差异，地球和火星运行中的相对位置在不断地发生变化，但总是会存在一个火星与地球在太阳同一侧相遇的时间范围，这时二者的相对位置最近。由此我们可以推论出，地火之间存在一个发射"窗口"。这个窗口表示的是发射年份和月份，也就是说，在这样的某个年份和月份发射的航天器，能够经过一条最短的路径到达火星。发射窗口大约每26个月会出现一次，通常持续一个月左右，这是飞船飞往火星的最好时机。同

理，火星也存在能经最短路径返回地球的火星发射窗口。

发射窗口的月份，并不是地火距离最近的那个月份，而是存在一个提前量。在地火距离最近时刻的前几个月，探测器已经从地球出发，瞄准的是几亿千米外、几个月后火星会抵达的位置。

飞船在太空中的飞行路线也不是笔直的，而是沿着一条叫作"霍曼转移轨道"的椭圆形轨道飞行。在《天问一号》一文中我们已经对地火霍曼转移轨道有了比较详细的了解。通过这种轨道进行地球和火星之间的飞行可以最大程度上减少推进剂的使用，节约成本。

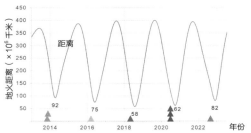

火星探测器（三角符号）要在窗口期（横坐标上三角符号所在位置）发射，这时的地球和火星正在靠近。在这里发射可以使利用霍曼轨道转移的路径变得最短，从而大幅度减少航程和燃料

推进器和推进剂

要想将宇宙飞船送入太空，我们需要使用运载火箭。火箭的推进遵循牛顿第三定律：每一个作用力都会产生一个大小相等、方向相反的反作用力。将飞船安放到火箭的头上，推进

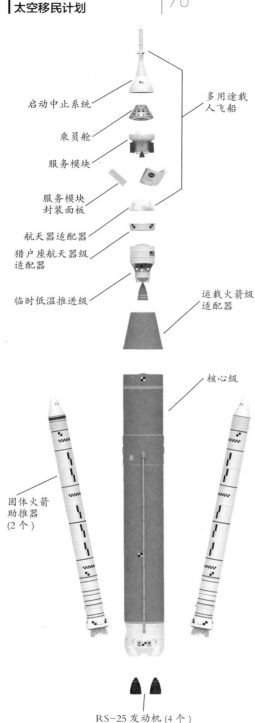

启动中止系统

乘员舱

服务模块

服务模块
封装面板

航天器适配器

猎户座航天器级
适配器

临时低温推进级

多用途载
人飞船

运载火箭级
适配器

核心级

固体火箭
助推器
(2个)

RS-25 发动机 (4个)

NASA 研制的太空发射系统有载人、载货多个构型，
是将用于载人太空探测任务的运载火箭

剂产生的气体从火箭尾部快速喷向地球，就会产生将火箭和飞船推离地球的（或向前的）推力。火箭通常分成几级，当一级火箭的推进剂用尽后，就会脱离，下一级火箭随时可以点火，继续推动火箭和飞船前进。目前离开地球比较常用的火箭推进剂组合是液氢和液氧。但用于离开火星返回地球的推进剂，我们更倾向于使用甲烷和液氧，因为甲烷更适合长时间存储，并且可以在火星就地制造，我们将在文章后面介绍。

我们常常在太空电影中看到这样的场景：一枚小型火箭即可推进一个大型太空舱的飞行。但事实与电影完全相反，火箭的升空需要大量的推进剂（化学燃料）。几乎在所有的太空任务中，我们送入太空的大部分设备其实都是推进剂和推进器本身，有效载荷质量仅是发送到太空的总质量中很小的一部分。我们大约需要 100 千克的运载火箭和推进剂才能将 12 千克的有效载荷送入地球轨道。这 12 千克载荷又包含了 8 千克离开地球轨道前往火星所需的推进剂、3 千克着陆火星所需的推进剂和降落器材，最后着陆火星的有效载荷仅 1 千克。

除了上述的化学燃料推进火箭，还有等离子火箭以及正在研发中的核热火箭、核聚变火箭等新式火箭，未来可用于缩短火星之旅的时长。

前往火星和返回

载人火星任务的第一步是运送基础设施和物资，包括栖息基地、动力系统、上升飞行器等设施。毫无疑问，这将需要几次重型发射。飞船升入地球轨道的阶段消耗的推进剂往往最多，因为这时飞船的载荷最大，并且需要对抗自身的重力。飞船进入地球轨道后，二级火箭就会为其提供动力以进入地火霍曼转移轨道，飞向火星。在飞向火星途中，还会有一些推进剂被用于轨道修正，以便其更准确地接近火星。

经过大约 8 个月向火星的跋涉，飞船即将抵达火星。如果不启动制动火箭，宇宙飞船将快速掠过火星，然后离开火星。制动火箭是能够向飞行方向喷火，提供反向推动力的装置。通过减速，飞船就可以被火星的引力牵引，进入环绕火星的轨道。通过多次启动制动火箭，降低速度，飞船就可以进入并穿过火星大气层，然后降落。这个过程如果一直让制动火箭来对飞船进行减速，同时对抗火星引力进行着陆，将需要大量的推进剂。事实上，一旦飞船进入火星大气，就可以利用大气摩擦力进行减速——飞船会使用减速伞。减速伞是一个大型的曲面结构，它由特殊材料制成，可以帮助飞船抵抗与火星大气摩擦产生的高温，并起减速作用。减速伞、降落伞和制动火箭的密切配合使飞船能够平稳下降和着陆，使所需推进剂的用量降至最少。

从火星返回需要一个能在火星上发射的运载火箭，还有大量的推进剂，但这比离开地球要少得多，因为火星的引力大约只是地球引力的 38%。不过，如果一艘宇宙飞船要搭载一组宇航员（大约 6 名成员），并携带维持生命所需的物资（食物、水、呼吸用的空气），还要进行为期 8 个月的太空之旅，无疑将需要一个巨大、复杂和沉重的宇宙飞船。将这样一艘宇宙飞船从

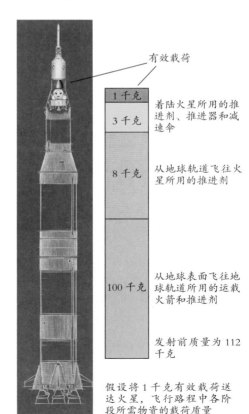

有效载荷

1 千克

3 千克　着陆火星所用的推进剂、推进器和减速伞

8 千克　从地球轨道飞往火星所用的推进剂

100 千克　从地球表面飞往地球轨道所用的运载火箭和推进剂

发射前质量为 112 千克

假设将 1 千克有效载荷送达火星，飞行路程中各阶段所需物资的载荷质量

左图为 SpaceX 公司的龙 XL 火箭，未来将用于 NASA 向月球门户（Gateway）的货物运输；右图为艺术家设想的火星飞船

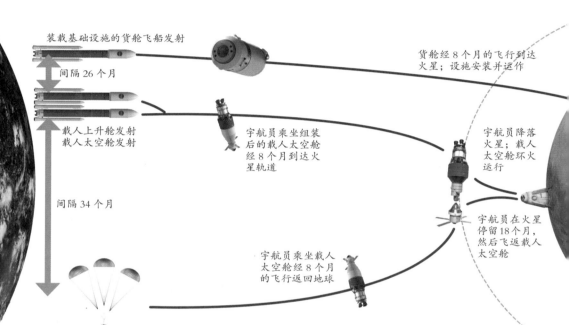

装载基础设施的货舱飞船发射

间隔 26 个月

载人上升舱发射
载人太空舱发射

间隔 34 个月

宇航员乘坐组装后的载人太空舱经 8 个月到达火星轨道

宇航员乘坐载人太空舱经 8 个月的飞行返回地球

货舱经 8 个月的飞行到达火星；设施安装并运作

宇航员降落火星；载人太空舱环火运行

宇航员在火星停留 18 个月，然后飞返载人太空舱

计划的载人火星任务的主要步骤。首先发射装载基础设施的货舱飞船飞抵火星；安装能源以及火星表面资源利用设施；26 个月后宇航员乘载人太空舱分别发射，并在太空中组装；宇航员乘载人太空舱经 8 个月到达火星轨道；宇航员降落火星；载人太空舱环火运行；宇航员工作 18 个月后，乘上升舱与载人太空舱对接，然后转乘载人太空舱返回地球

巡航阶段分离
减速伞
进入大气层
温度峰值
最大减速
引导进入

在火星降落的几分钟时间里，减速伞、降落伞和制动火箭密切配合，让着陆器平稳降落。图为"毅力号"火星车的降落过程（图片来源：NASA/JPL-Caltech）

顶罩分离
速度：322 千米 / 时

降落伞打开
速度：1513 千米 / 时

隔热罩分离
速度：579 千米 / 时

雷达锁定
速度：378 千米 / 时

地形相对导航
速度：322 千米 / 时

动力下降

空中起重机

火星车释放
机动部署
着陆

耶泽罗陨石坑

火星地表发射出去，所需要推进剂的数量令人望而却步。因此，返回式航天器没有被发射到火星地表，而是在环绕火星的轨道上等待。宇航员将通过一个体量较小、重量较轻的上升飞行器离开火星表面，然后与环绕火星轨道上的返回式航天器进行对接，宇航员将在几天内转移到返回式航天器中，然后丢弃之前的上升飞行器——这个袖珍的上升舱也重达数吨。

原位资源利用

将上升舱从火星地表推升到火星轨道的运载火箭所需的推进剂的量，取决于乘员规模和所使用的化学推进剂的类型。如果搭载六名宇航员，并使用甲烷和氧气作为推进剂，运载火箭可能需要多达 30 吨低温液氧和 10 吨液态甲烷。从地球上携带 40 吨低温液体燃料在技术上非常困难，而且会大大增加任务的成本。因此，科学家正在研究如何利用火星上的资源实现就地生产燃料。这样的过程称为原位资源利用（ISRU）。

目前正在研究两种原位资源利用的方法。一种方法是，30 吨氧气在火星产出，10 吨甲烷从地球带来。这种方法利用火星大气（95.5% 为二氧化碳）作为氧气的来源，并将二氧化碳进行高温电解，从二氧化碳中分离氧气：

$$2CO_2 \longrightarrow 2CO+O_2$$

因为反应以大气为原料，所以资源利用设备最好放置在大气较丰富的火星赤道附近。

另一种方法是同时在火星生成甲烷和氧气，但这种方法除了需要大气中的二氧化碳，还需要水源——水更多地存在于火星极高纬度的地区。此方法的化学反应包括：

$$2H_2O \longrightarrow 2H_2+O_2$$
$$CO_2+4H_2 \longrightarrow CH_4+2H_2O$$

首次火星之旅很可能用到只产氧气的原位资源利用方法。目前，"毅力号"携带一个小型的制氧样机"MOXIE"（火星氧气原位资源利用实验设备）在火星进行实验。

如果这个系统未来成比例扩大，它将这样运作：在第一个发射窗口发射的物资将包括 1 个栖息基地、1 个核电站、原位资源利用系统、1 个氧气储存罐和其他物资。建造核电站可能需要 1 个月，产出的电力将用于原位资源利用系统的氧气生产。氧气会以每小时 3 千克的速度持续产出。在 1 万小时（约 14 个月）后，将储存总计 30 吨（30 000 千克）的氧气。第一个发射窗口的物资到达火星需要 8 个月，安装需要 1 个月，氧气生产需要 14 个月。那么，在 26 个月后的下一个发射窗口的宇航员出发之前，在火星上，已经有一个动力系统和 30 吨氧气以及其他基础设施等待他们了。

生命维持系统

载人火星任务的一个关键因素是生命维持系统。其所需的空气、食物、水、热控制和废弃材料的总质量将超过 100 吨，甚至可能多达 200 吨。如果返回近地轨道需要携带同等质量的物品，飞船的总质量将显著增加，这会使载人火星任务的成本和复杂性超出我们的能力范围。因此，对资源的循环利用是载人火星任务的关键。

生命维持系统必须监测、追踪污染物并将其清理到可接受的水平，还要在往返火星的各 8 个月以及在火星表面停留的 18 个月中维持正常的运转。

水可以说是维持生命最关键的物质。饮用、洗澡、洗碗、洗衣服、冲厕所和口腔卫生等生活的各个方面都需要水。如果水循环系统不能完美运行，任务可能面临失败。

除了太空任务中可能出现的问题，载人火星任务还面临着多种威胁。

第一个威胁是辐射。银河宇宙射线（GCR）在火星上对人的影响程度较太空中小一些。目前已有几项研

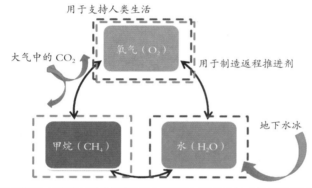

用于支持人类生活

大气中的 CO_2

氧气（O_2）

用于制造返程推进剂

甲烷（CH_4）

水（H_2O）

地下水冰

在火星上，水资源可以从水冰中获取，而氧气可以通过电解系统从水中分解或通过 MOXIE 这样的设备将火星大气中的二氧化碳转化成氧气

设想中的火星发射器

短期火星往返方案

科学家正在研究可变比冲磁等离子体火箭（VASIMR）和核热火箭（NTR），这两种火箭可以在太空中持续提供动力。它们分别可以将前往火星的时间从 8 个月缩短到 40 天和 100 天左右。

科学家给出的一种利用持续动力飞行的日程表为：去程 150 天，在火星上工作 619 天，回程 110 天。相比霍曼转移轨道，这种行程安排将大大降低宇航员途中的宇宙射线暴露量，并增加在火星上工作的时间，适合那些在火星上长期工作的宇航员。

另一种是在返程中借道金星，利用金星引力偏转航程并加速，日程表为：去程 224 天，在火星上工作 30 天，回程 291 天。这种行程安排适合那些在火星上短期工作的宇航员，也比前一种更节省推进剂。不过借道金星的缺点是旅程靠近太阳，增加了太阳粒子暴露的风险，如果是载人航行，航天器需要配备沉重的屏蔽罩。

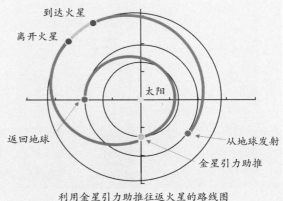

利用金星引力助推往返火星的路线图

究涉及人体对辐射的可承受剂量、太空辐射水平和各种屏蔽辐射的方式及其效果。

第二个威胁是低重力。人体已经在漫长的进化中习惯了地球的重力环境。因此，火星的低重力会使人体的血液循环系统失调，使得血液更容易从脚部向上泵出而难以向下循环。在没有重力的环境中，血液将在上半身和头部积聚。

载人火星任务一直是科幻小说的主题之一，但现在已经成为太空科学及工程学研究目标。世界上许多太空研究机构都在为这一目标投入大量的研究。在所有提出火星登陆计划的机构中，最具野心的可能就是埃隆·马斯克（Elon Musk）的 SpaceX。他们计划在 2020 至 2029 年将人类送往火星。马斯克曾经表示，最快将在 2026 年将人类送往火星。据报道，中国也计划在 2033 年、2035 年、2037 年、2041 年及以后进行多次载人火星任务。

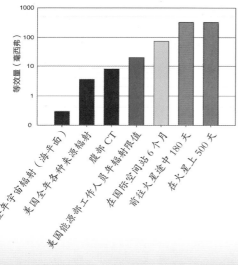

根据美国"好奇号"的探测数据，科学家估算出人类在火星任务中可能受到的辐射量，将其与常见辐射量对比，可以发现辐射是载人火星任务需要评估的一大因素

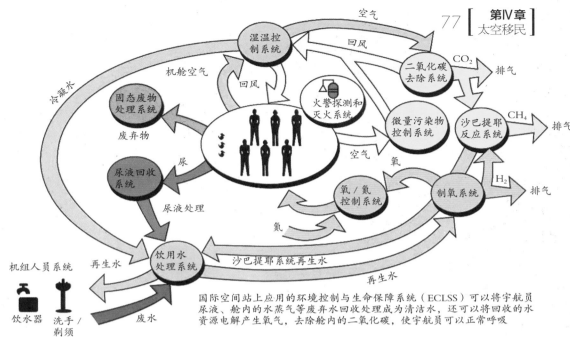

国际空间站上应用的环境控制与生命保障系统（ECLSS）可以将宇航员尿液、舱内的水蒸气等废弃水回收处理成为清洁水，还可以将回收的水资源电解产生氧气，去除舱内的二氧化碳，使宇航员可以正常呼吸

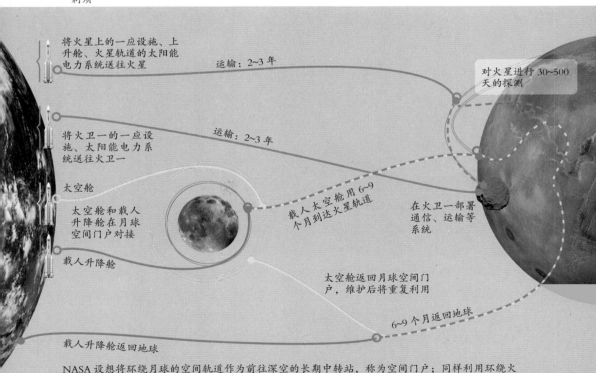

NASA设想将环绕月球的空间轨道作为前往深空的长期中转站，称为空间门户；同样利用环绕火星的轨道作为中转平台，实现对火星的可持续开发。

空载的太空舱由地球出发，停泊在月球空间门户。升降舱随时载人到空间门户，"搭乘"太空舱奔赴火星。到达火星轨道后，太空舱停泊在火星轨道，人员经专门的载运器降落火星。人员从火星返程也先到火星轨道，"搭乘"载人太空舱返达月球空间门户，太空舱在这里与升降舱分离，太空舱停留在空间门户，载人升降舱降落地球。

该设想还利用火卫一部署通信和中转系统。太空飞行将会用到燃料推进器

火星地球化

人类自诞生之初就开始不断探索。我们总是希望征服眼前的一切——征服一座座高山、征服广阔的沙漠、征服海洋。我们在夜晚仰望天空时，也总是注视地球以外的星空。火星一直在我们的心中占据着特殊位置。早期的天文学家想象着火星原住民建造的运河；20世纪，我们还想象着与火星入侵者、竞争者或其他火星生命共享这片孤独的宇宙。我们也梦想着登陆火星，定居在这颗红色星球上，进一步拓展人类生存的疆域。

然而，经过数十年的现代科学观察，我们已经知道：对于人类和地球上的所有生命而言，今天的火星是一个极度荒凉、不适合生存的星球。

尽管存在这些挑战，但仍有越来越多的人希望探索火星，甚至是定居火星，把火星变成像地球一样的宜居星球。这个理想称为火星地球化，而定居火星的过程则称为移民火星。如果付诸实施，这将是人类最艰难、最宏伟、最重要的项目。它需要数代人的共同努力和集体力量才能完成。所有这一切都面临着不确定的结果，也不能保证成功。因此，如果人类要踏上这段征程，需要有充分的理由。

火星是除金星外距离地球最近的行星，而金星表面温度过高，这使得

艺术家对火星地球化过程的构想

火星成为最理想的研究和探索对象。人造卫星和着陆器已经在火星的两极地区和地表下发现了大量的水冰和冰冻二氧化碳的结合体。这让很多人联想到，在火星地球化的过程中，这些冰可用来重新填充古老的海洋，同时释放被"困"在冰里的二氧化碳，形成大气层。在过去的数十年里，火星车、环绕卫星和着陆器也发现了生命必需的关键元素——碳、氢、氮、氧、磷、硫——以某种形式存在于火星上。提取这些元素，并将其加工成一种对生物有用的形式，可使生命存在和成长。

在考虑所有这些因素后，问题依然存在：我们需要从哪里开始？火星地球化的目标能否实现？短期内，一小批人类宇航员需要登陆火星，建立小型的半永久性基地，进一步探索火星。我们很可能在 22 世纪目睹这样的场景，全球各地的许多航天机构已经为此制订了计划。

早期的火星探险者必须是经过高度训练、熟练掌握各项技能、积极进取的宇航员。他们需要建立一个不受辐射影响的定居点，可能是利用已经存在的风化层，或是在地下建造住宅。有人提议利用火星的自然地理环境（如熔岩隧道）来建立居住基地。他们需要利用现有的资源来发电、种植作物、产生维持生命的氧气和水。此外，他们还需要战胜在这种条件下生活的心理挑战。火星基地需要不断地从地球获得补给，而发射窗口决定了只能每隔 26 个月进行一次补给。

第一阶段：建立大气层和磁场

从长远来看，整个火星地球化的初始阶段将包括两个关键任务：建立大气层以及创造保护大气层的磁场。

建立大气层能够提高火星表面的温度和压力。火星目前稀薄的大气层主要由二氧化碳组成。我们知道地球大气层中的二氧化碳是全球变暖的一个主要驱动因素。这是因为温室效应，即大气层中的某些气体将热量辐射回地表。能够产生这种效应的气体称为温室气体，如二氧化碳、水蒸气和甲烷。在地球上，全球工业化急剧增加了大气层中温室气体的含量，以有害的方式导致地球变暖。

然而，在火星上，增加温室效应将是火星地球化的首要目标。为此，科学家提出了许多设想。火星上存在三种主要的二氧化碳来源：极地冰帽中冰冻的二氧化碳、表层土壤（风化层）吸附的二氧化碳以及火星地表下的碳酸盐沉积物。有人认为，"释放"这些古老的二氧化碳沉积物将有助于改善火星大气层。火星极冠通常是释放二氧化碳的目标区域。天体生物学家卡尔·萨根（Carl Sagan）曾建议在极冠的顶部撒上一层吸附性极强的粉尘。由于粉尘的颜色比冰深，能够从太阳吸收更多的能量，并以升温的形式储存这些能量。萨根通过计算认为：想要达到足够的温度来释放火星两极潜在的二氧化碳，需要 10 亿吨粉尘。然而，他在文章（著于 1973 年）中得出的结论是：以当时的工程能力，运输这一大批材料无疑是天方夜谭。在将近 50 年后的今天，情况依然如此。

由此产生的温度上升反过来会进一步"释放"更多的二氧化碳，导致大气中二氧化碳和水蒸气含量增加的连锁反应。然而，美国国家航空航天局最近发布的一份报告显示：火星上根本没有足够的二氧化碳和水使大气压力提高到类似地球的水平，即使将火星上所有已知的水蒸气和二氧化碳都释放出来，大气压力也只能增加到地球的 7% 左右，且还没有考虑太阳风对大气侵蚀的影响。

为了利用温室效应使火星适宜居住，我们还需要寻求更多的创造性想法。其中一个想法是利用太阳系外围的小行星。这些小行星富含水冰和氨气。氨气是一种吸收热量能力（比二氧化碳）更强的温室气体。罗伯特·祖布林（Robert Zubrin）和克里斯多夫·麦凯（Christopher McKay）认为，在其中一颗小行星上安装四枚

少部分热量逃逸到太空

热量辐射回太空

大气层

太阳辐射

大部分热量射回地面

太阳辐射穿过大气层射向火星地面，地面将热量辐射回太空。大气层中的温室气体可将大部分热量再射回地面。温室气体浓度越高，就有越多的太阳辐射被困在大气层中，使火星温度升高

有八米厚的永久干冰盖的南极

富含碳酸盐矿物的尼利槽沟平原

100%

7%

火星大气压　　地球大气压

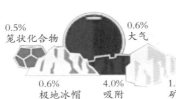

0.5%
笼状化合物

0.6%
大气

0.6%
极地冰帽

4.0%
吸附

1.2%
矿物

火星上没有足够的二氧化碳和水使大气压力提高到类似地球的水平，即使将火星上所有已知的水蒸气和二氧化碳都释放出来，大气压力也只能增加到地球的7%左右

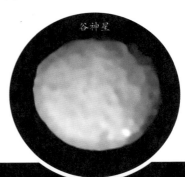

谷神星

科学家想让小行星撞向火星，使小行星上的氨气释放到火星的大气层中，从而提高温室效应。右图是位于火星和木星轨道之间主小行星带的谷神星，其表面有富含氨的黏土，冰层下可能有内部海洋，氨也可能溶解在水中

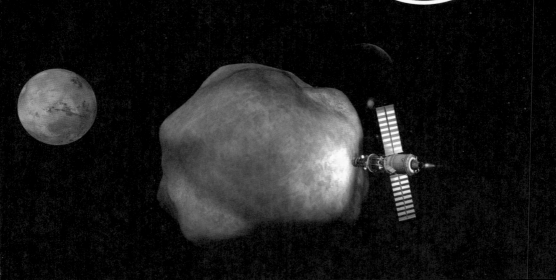

太阳风会带走火星高层大气中的气体

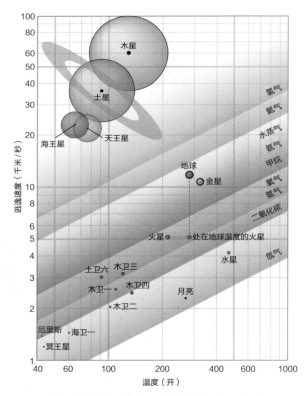

如果我们产生了足够的温室气体使火星变暖，火星大气层中的温室气体会以比现在更快的速度逃逸到太空中，这就需要我们找到一种新方法来保护新形成的大气层（图片来源：Cmglee/Wiki）

核燃料火箭，就足以改变小行星原先的运行轨道，使其撞向火星。碰撞后，小行星上的氨气将被释放到火星的大气层中，理论上能提高温室效应。但这无疑是一个难以实现的计划，因为氨是一种比二氧化碳更轻的分子，它会迅速分解并从大气层中逃逸。而且，我们目前对太阳系外围的了解有限，辨别和转移这些天体极为困难。此外，使用祖布林和麦凯提出的方法，让一个天体撞击火星需要 30 年的时间。

火星地球化第一阶段的另一个挑战是找到一种方法来保护新形成的大气层。即使我们产生了足够的温室气体使火星变暖，这些温室气体也会很快被太阳风带走。美国国家航空航天局的"火星大气与挥发物演化任务"探测器记录了火星每秒钟有 1~2 千克的气体流失到太空中。由于火星自身的磁场早已消失，我们需要为火星提供一个人造磁场。

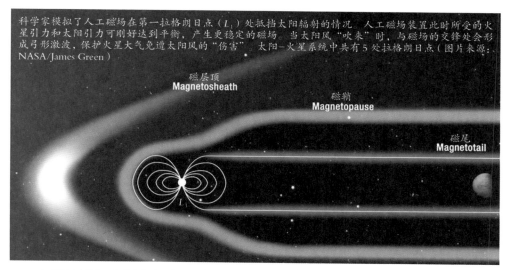

科学家模拟了人工磁场在第一拉格朗日点（L_1）处抵挡太阳辐射的情况。人工磁场装置此时所受的火星引力和太阳引力可刚好达到平衡，产生更稳定的磁场。当太阳风"吹来"时，与磁场的交锋处会形成弓形激波，保护火星大气免遭太阳风的"伤害"。太阳–火星系统中共有 5 处拉格朗日点（图片来源：NASA/James Green）

磁层顶
Magnetosheath

磁鞘
Magnetopause

磁尾
Magnetotail

火星轨道与太阳之间有一个位置点特别重要——第一拉格朗日点（L_1）。这个点上的物体（如小行星）受到的火星引力和太阳引力刚好达到平衡，且三者的位置关系始终保持在一条直线上（即 L_1 上的物体与太阳和火星保持相对静止）。因此，在这一点上放置一个足够大的物体可以保护火星免受太阳辐射。美国国家航空航天局现任首席科学家詹姆斯·格林（James Green）提出的想法是使用能量巨大的"磁盾"。它是以磁偶极子的形式存在的，由一个巨大的闭合线圈构成，当这个线圈有足够的电流通过时，就能产生一个强大的磁场。这就像一个可移动的磁层，在太阳辐射到达火星之前将其偏转。在"磁盾"的保护下，火星的大气会逐渐积累，地表的压力和温度也将逐渐升高。

2008 年，日本科学家本岛修（Osamu Motojima）和柳长门

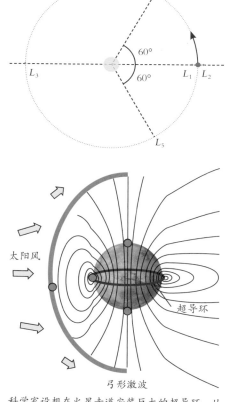

科学家设想在火星赤道安装巨大的超导环，从而产生星球磁场来保护火星的大气层

（Nagato Yanagi）提出了另一种建议，即在火星赤道运行一系列的超导环。这些超导环由多层绝缘金属管构成，管内填充一种液体冷却剂（如液氮）。当其冷却到一定温度时，环上的电流将无阻力地通过，从而产生比其他材料更强的磁场。这个方案将使用高温超导材料，如钇钡铜氧化物（YBCO，一种稀土合金）。高温超导材料能在更高的温度下表现出超导特性，且有更高的电流密度，从而产生更强的磁场。（这里的"高温"是相对于绝对零度，即 -273.15℃ 而言的，其实远低于 0℃。）本岛修和柳长门计算出在地球周围放置 12 个超导环就能够产生 10% 的地球磁场。火星需要安装更多的超导环，才能充分保护火星的大气层。

第二阶段：产氧

但这些仍然不足以使火星适合人类居住。大气压升高只意味着宇航员在外行走时可以不穿加压宇航服，但仍不能呼吸空气。同时表岩屑仍然对人类有毒害作用。因此，下一阶段就是让火星适合人类居住。生命力极强的微生物和植物可用来改变火星环境，并产生维持生命所需的营养物质和氧气。蓝细菌（以前也称蓝藻）和藻类是适合用于改变火星环境的两种地球生物，它们总计产生了地球大气中 70% 的氧气。这些生物体通过光合作用从太阳获得能量，将太阳能转化为化学能。光合作用的副产品就是氧气，地球大气层中的氧气都通过这个过程得到补充。蓝细菌是地球上最早的放氧生物，对地球大气从无氧到有氧环境起到巨大作用。地球大气氧含量突然增加大约发生在 25 亿年前，即大氧化事件。这个过程经历了约 20 亿年，大气氧含量才积累到今天的水平。在火星上，这个过程需要花费的时间仍是未知数。即便如此，美国国家航空航天局也已经开始试验建造各种穹顶用于容纳这些细菌，有将其送往火星的想法。

蓝细菌和藻类利用光能，可把二氧化碳和水转化成有机物和氧气。它们可用来改变火星环境

阳光 　　H₂O 水　　CO₂ 二氧化碳
O₂ 氧气　　蓝细菌　　二氧化碳

为了加快这个过程，我们可以使用工程学的解决方案，从两种丰富的资源中获得氧气：水和二氧化碳。水可通过多种方法分解成氢和氧，这些方法都需要输入能量来打破分子之间的连接键。所需的能量可以由热能、电能或辐射能等提供。这些能量的效率也不一样。火星可利用的太阳能远远少于地球，因此有可能通过核反应堆提供能量。但燃料只能从地球输出，分解过程中产生的氢气可作为燃料供应给火星定居者。

二氧化碳是火星上储量最丰富的气体，也可用于这个目的。2021年上半年，美国国家航空航天局的"毅力号"用它携带的MOXIE实验仪器在火星上演示了将火星大气的二氧化碳转化成氧这一过程。MOXIE从火星大气中提取并过滤空气，将其加热，然后在反应器中进行处理，生成氧气和一氧化碳。这是一个极具技术潜力的演示：从火星地区获取可用的材料，并从中提取有用的资源。这就是原位资源利用，是扩大人类的太空探索能力的必要步骤。

在火星地球化的后期阶段，氧气的产量将会扩大，使某些植物可以呼吸空气；在最后阶段，人类也可以呼吸空气。也许到那个时候，我们就可以从地球移民，使火星成为真正的第二个家园。

但是，这个梦想可能无法实现。很明显，火星地球化将是一项艰巨的任务，需要大量的资源。我们的地球家园还面临着一系列巨大的挑战，如全球减贫、气候变化。许多人会提出异议：将火星改造成人类第二个家园的冒险任务所涉及的巨额开支是对我们有限资源的不合理使用，尤其是我们目前还在破坏唯一的家园。我们还需要注意火星上存在生命的可能性，它们很可能以微生物的形式存在。不断扩大的地球生物圈很可能会摧毁所有假设中的火星人，使我们失去研究和了解可能存在的第二生命起源的机会。即使没有这种可能性，一些人也认为，人类扩张到太空的原始荒野是一种不道德的行为，即使火星上没有生命，它也有其内在价值。

对火星地球化的设想还有另一个极端：不尝试将火星地球化也是一种不道德的行为。这种观点的支持者可能会指出：在遥远的未来，地球注定要走向灭亡，而我们还没有在地球以外的地方发现生命，因此，所有的生命都将与地球一起灭亡。人类有义务扩大生命的界限，不仅是为了自我保护，也是为了保护所有已知的生命。

最后，如何对待与我们同处太阳系的其他行星，必须由人类集体决定。我们必须要确保探索者根据本能开展的所有行动都保持着道德的自我意识。如果我们选择扩张到地球以外的星球，我们必须把人类最美好的一面展现出来，而不是再次重复我们过去的错误。

火星移民

随着对宇宙的不断深入探索，人们开始将征服的目光望向辽阔的太空。火星凭借丰富的资源以及与地球相近的环境成为人类星际移民计划中的重要一站。目前有多个国家和地区正在进行火星永久定居的相关研究，包括美国、中国、欧盟、俄罗斯、印度和阿拉伯联合酋长国等。此外，一些私人组织也对人类前往火星充满了兴趣，如太空探索技术公司、洛克希德·马丁空间系统公司（LMT）和波音公司等。

火星移民是什么？

在未来 10~20 年内，也许会有人类访客陆续登陆火星，但这并不等同于火星移民。火星移民是指地球人类在火星建立居住地，对那里的资源取得控制权，用以生产和自给，进而永久居住在火星。火星移民是为了迁移地球上的物种，包括人类，可以确保文明在行星级的自然灾害或人为灾害出现前存活。

接下来，我们将介绍人类移民火星的主要程序，其中关于火星地球化的部分已经在本书其他文章中有详细介绍，这里就不再赘述。

火星移民地的选址

我们要在火星上选择适宜人类生存和建立城市的定居点。理想的居住点需要有充足的水源、适宜的气候、

根据"奥德赛号"飞船的热红外数据和"火星全球勘测者号"的地形数据生成的水手号峡谷地形图（图片来源：美国国家航空航天局/喷气推进实验室/亚利桑那州立大学）

"火星快车号"高分辨率立体相机拍摄的火星盖尔陨石坑合成透视图

艺术家想象的火星定居点的场景

较厚的大气层和一定的居住空间。着陆地点应该避开寒冷风大的极地地区和大气稀少的火山顶部，尘土过多的盆地也不适宜人类居住。火星的南部有较多的陨石坑，所以定居点最好选择在火星北部以及赤道区域，便于基地的建设，并且温度也更适宜人类的生存。从植物种植的角度来说，辐射较强的地区和土壤中含有大量重金属的地区不适合移民，高温、钙含量高且相对平坦的地区更有利于作物的种植。

火星移民地的候选地点有很多，这里列出其中的一部分。

水手号峡谷

水手号峡谷长 4000 多千米，宽 200 千米，深 7 千米，是太阳系最大的峡谷之一。峡谷中白天的温度可以接近零度（在火星上是很高的温度了），人们认为在深峡谷下可能有像水一样的物质涌出地表，这里不仅是寻找水源的好地方，也是寻找微生物等生命的理想场所。低海拔使这里的大气更密集，从而更好地屏蔽辐射。

盖尔陨石坑

2012 年 8 月 5 日，美国国家航空航天局的"好奇号"探测器着陆在盖尔陨石坑——一个 154 千米宽的盆地内。此后的短短几年里，"好奇号"在这里发现了一个古老淡水湖曾经存在的证据，并分析了土壤样本，发回了陨石坑附近的天气报告，在沿途拍摄了壮观的环境照片。这里的环境并不极端，平坦的地带也比较适宜

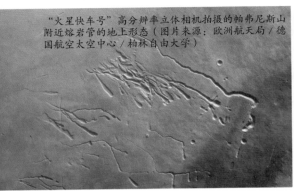
"火星快车号"高分辨率立体相机拍摄的帕弗尼斯山附近熔岩管的地上形态（图片来源：欧洲航天局／德国航空太空中心／柏林自由大学）

"火星勘测轨道飞行器"拍摄到的阿尔西亚山侧面黑洞图像

50 m

人类定居。

熔岩管

熔岩管是在熔岩流内部自然形成的管道，在地球、月球和火星上都有发现，它们在火星上的大小能达到地球上的 100 倍。这些熔岩管可以稳定地屏蔽宇宙射线、太阳辐射以及行星表面常见的微陨石撞击，可以作为人类的居住点。在火星的火山奥林帕斯山和帕弗尼斯山附近都存在这种地下结构。

阿尔西亚山附近天然洞穴

人们在美国国家航空航天局"奥德赛号"发回的照片中，发现了在火星巨大的阿尔西亚山火山附近有天然

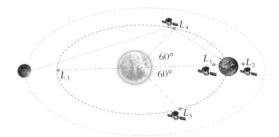

火星在轨道运行的某一时间同太阳和地球处在同一条直线上，这时太阳会隔断信号的传输，可以在日－地的拉格朗日点（图中 L_1、L_2、L_3、L_4、L_5）布置中继卫星进行信号传输

洞穴，洞穴预计可达 7 个足球场大小，可作为未来人类储存物资和躲避地表辐射的居所。

地火通信

地球和火星传输信息的一个难点是掩星问题。火星同很多星体一样，会在运行的某一时间同太阳和地球处在同一条直线上，这时处在中间的太阳便对地球和火星形成遮挡，人们将这种某一星体被其他星体所遮掩的现象称为掩星。我们熟知的日食和月食也属于掩星。掩星期间，太阳会对信号产生遮挡，间断信号的传输。除了直接的遮挡，日冕也可能对信号传输有影响。日冕不稳定的"颤动"，会使无线电的传播出现如星星眨眼睛似的闪烁现象，严重影响通信的质量。

为了解决这一问题，科学家计划向火星的卫星环绕轨道上发射多颗卫星，并在日－地的拉格朗日点布置卫星。这些卫星将作为中继卫星，成为地球与火星间的通信中转站。中继卫

星还可以增强信号，避免传输距离越长、信号越弱的问题。

目前，地球与火星探测器之间的通信是通过无线电进行的。无线电同光一样属于电磁波，以光速传输，但因地球与火星之间的距离很远，通信仍有20分钟左右的延迟，这也是火星探测失败率高的原因之一。近年来，美国、日本等国家相继开始研究激光通信技术（该技术也被称为光传输）。如果采用目前的无线电传输技术将完整的火星地图传回地球大约需要9周的时间，而采用光传输则需要9天左右。这是因为激光的频率是无线电波的上万倍，就算传输的时间相同，单位时间内传输的信息量也会大得多。

火星上的生活设施

行星科学家菲尔·梅泽尔（Phil Metzger）说："在地球上，当我们去一个偏远的地方做一个工程开发项目时，使用高科技设备并非最正确的方法，你需要的是适合的技术，并且是可以利用当地资源和劳动力来实施的技术。"要在一片荒原上建起一座城市绝非易事，火星给我们提出了许多难题，我们需要找到真正适合的方法和设备来解决难题，维持人类在火星的生活。

水资源的利用

首先，水对于人类的生存和工业都是不可或缺的资源，因此火星地下

固态水加工设备是不可或缺的。美国科罗拉多矿业大学一设计团队研发出了在太空环境下加工和存储土壤中固态水的系统。它是采用微波在密闭空间内加热含有水分的土壤来获取水分的。蒸发出的水分子将凝结在密闭空间的顶部，并顺着水槽流入计量装置中。当计量装置中的水达到指定刻度时，就被虹吸进存储罐中。这一过程所需的能量将由太阳能电池提供。

除了水的加工和存储，生活中的水资源循环利用也是需要探讨的课题。美国国家航空航天局曾经开发出用于太空环境下的水资源循环系统，该系统可以收集宇航员产生的汗液、尿液以及淋浴水，过滤加工成可以达到饮用标准的水，这种技术可为火星的水资源循环利用提供借鉴。

食物

在火星上长期居住需要我们自行生产食物。火星表面的温度很低，

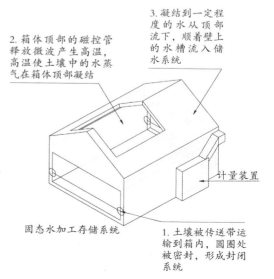

3. 凝结到一定程度的水从顶部流下，顺着壁上的水槽流入储水系统

2. 箱体顶部的磁控管释放微波产生高温，高温使土壤中的水蒸气在箱体顶部凝结

计量装置

固态水加工存储系统

1. 土壤被传送带运输到箱内，圆圈处被密封，形成封闭系统

所以想要在火星种植植物的话，我们需要一个温室。在很多人的火星设想中，温室多是位于火星表面的透明圆顶建筑，而航空专家艾伦·莫尔（Alan Mole）则建议将这些温室置于地下，这样即使在沙尘暴环境下依然可以保持稳定的温度。为了让植物在地下受到充足的光照，除了顶部防辐射的透明条，还使用了镀铝的聚酯薄膜镜子来反射阳光。如果火星表面发生沙尘暴，可使用灯管在温室内补充光照。

火星的风化层不像我们地球上的土壤富含有机物，它是由岩石和矿物质粉末组成的。那植物能否在这里存活呢？美国"凤凰号"火星着陆器就在风化层中发现了生命必需的矿物质，包括钾和镁等有利于植物生长的元素，但风化层中也含有对生物有害的高氯酸盐，所以在火星上种植作物之前，必须将这种危险的物质从土壤中去除。

除了蔬菜，人们可以通过食用昆虫加工制品以及通过细胞农业加工出来的牛奶和肉类来补充蛋白质，这就需要人们在火星配备食品加工车间、实验室和食物存储装置。

废物处理

在废物处理方面，人们有很多对未来太空废物加以利用的设想。美国国家航空航天局目前正在研发的热熔垃圾压缩机可以将垃圾压实成"砖块"，经过高温消毒后，产生的有害气体会排到太空或进行无毒化处理，而剩余的"砖块"可用作建筑材料，过程中产生的水蒸气也可以收集起来用于水循环。科学家还在进行一项名为旋涡氧化反应器技术实验的项目，

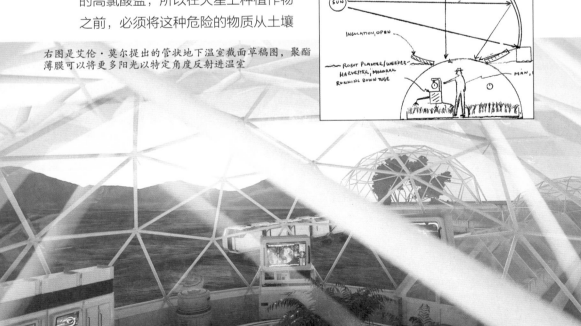

右图是艾伦·莫尔提出的管状地下温室截面草稿图，聚酯薄膜可以将更多阳光以特定角度反射进温室

该项目的主要研究内容是通过燃烧宇航员的排泄物制造出用于太空种植的肥料。此外，该设备还可以将垃圾转化为甲烷气体，用作火箭燃料以及生产氧气、氢气等资源。

生活空间

想要在火星上建造房屋，没有哪个设备可以比"创造万物"的 3D 打印机更适合了。我们可以将火星表面土壤通过 3D 打印机进行加工，制成各种材料和配件。火星土壤中含有大量的氧化铁和二氧化硅，可以被加工成铁、玻璃、玻璃纤维和二氧化硅气凝胶等材料供人们日常使用。二氧化硅气凝胶是一种疏松多孔且密度极低的固体，可作为建筑材料来改善火星的居住环境。它可以传递足够的可见光，阻挡紫外线辐射，并吸收阳光中的热量，提高室内温度。但这种材料

一种半透明的、类似泡沫塑料的材料——二氧化硅气凝胶，科学家正在探索如何在火星上将其用作建筑材料

材质较脆，需要先制成复合材料才能使用。此外，还有一种"简单粗暴"的方法就是用相当于锤击的力敲打地面，这样可以制造出比钢筋混凝土更坚固的火星砖。这是由于火星尘土中含有很多微小的氧化铁化合物，在压力下可以将土壤黏合在一起，形成坚固而简单的砖块。

对于火星上房屋的形态，人们有过很多想象，如透明的圆形或半圆形房屋，这种结构可以以最小的表面

设想中的火星上使用 LED 照明的水耕栽培室

积整合出最大的内部空间；地下房屋可以直接帮我们抵挡辐射和低温的危害；高大的太空大厦供更多的人类居住。但无论房屋的形态如何，氧气循环装置、供水装置、密闭装置和废物处理装置都是房屋必配的设备。很多科幻作品还曾设想人类将来会生活在一个巨大的透明穹顶之下，它可以抵挡宇宙辐射并维持适宜人类生存的气压。如果真的在火星建造这种穹顶，材料除抗辐射外还应足够坚固，可以抵挡沙尘暴和陨石的袭击。此外，这种穹顶可打造成一个球形或下半部分填充土壤而形成的一个半球形。如果要在穹顶中容纳一个城市，穹顶的制造、土壤的挖掘和填充都将是浩大的工程。

氧气循环

火星上的氧循环主要通过电解水的方式来进行。水经过电离可以产生氧气，一同生成的氢气还可以与人们呼出的二氧化碳反应重新生成水（ $CO_2 + 4H_2 \longrightarrow CH_4 + 2H_2O + 能量$ ），这也是太空站中常用的氧循环方式。此外，还可以用高温电解二氧化碳的方法来制备氧气，植物的光合作用也会产生氧气。氧气可与火星大气中的氮气和氩气混合，用来更逼真地"模拟"地球上的空气。

气闸

如果你想出入火星上的房屋或是更大的保护罩，气闸是必不可少的设施。它可以帮助人在不同压力的环境之间过渡。气闸由两个门和一个压力可变的容器组成。在太空飞船中使用气闸时，宇航员进入太空前，会在座舱内穿好航天服，走出内闸门，然后将其关闭，把气闸舱内的空气抽入座舱内，当气闸舱内和外界空间的压力相等时再打开外闸门，进入太空。宇航员返回气闸舱时按相反的顺序操作，两个舱门不可同时打开。

宇航员出入火星上的房屋时要经过气闸，气闸可以将火星环境与室内环境隔绝开，并让宇航员适应室内的气压

能源

太阳能

火星上时常发生沙尘暴，使太阳能板蒙尘，从而使其功能大幅度减弱。为此，美国化学学会发明了一项太阳能板自清洁技术，该技术使用一层电敏感材料覆盖在太阳能板上，当火星尘浓度达到一定水平后，太阳能板表面的传感器感受到压力后会释放一种除尘波，使用少量电量就可以在两分钟内清除太阳能板上 90% 的灰尘。中国的"祝融号"火星车的太阳能电池板也应用了一种除尘技术，该技术是受到荷叶的疏水原理的启发。科研人员在电池盖片上增加了超疏基微观结构，这些结构的尺寸比火星尘颗粒的尺寸还要小，当火星尘与之接触时，相当于接触到一个纳米级的"针床"，大大减小了火星尘颗粒与电池盖片之间的接触面积，使火星尘不易沉积，即便沉积也更容易移除。

地热

火星表面的火山活动痕迹让人们推测火星可能有接近地表的地热能。应用这些热能主要有两种方法。一种是将热能转化为电能，将水注入岩层中产生高温水蒸气后，将蒸汽抽出地面从而推动涡轮机发电。在这个过程中，未利用的蒸汽或废气冷凝成水后可被循环使用。另一种方法是直接利用热能，首先人工开凿注水井，向地下没有水分的干热岩中高压注水，使岩层产生裂缝，然后开凿生产井，将渗过裂缝受热后的水抽取上来，这项技术也被称为增强型地热系统（Enhanced Geothermal Systems，EGS）。

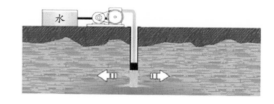

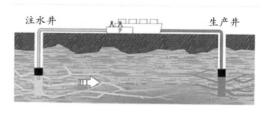

增强型地热系统工作原理：先通过注水井向地下施加高压注水，使干热岩产生裂缝。再开凿生产井，使其裂缝与注水井裂缝相交，形成注入冷水—输出热水的循环

核能

核能是人类在火星上的理想能源，因为放射性物质体积较小、便

于携带，可以在火星上提供强大、持久的能量来源。我们不仅可以利用核能作为往返火星的动力来源，还可以建立核反应堆，为火星基地提供电力。

美国国家航空航天局与美国能源部国家核安全局（NNSA）共同研发了一种名为 Kilopower 的新型核反应堆动力系统。它以铀－235 作为反应堆的核心，在中子的不断轰击下产生裂变，释放大量热能。反应堆周围的钠热管将热能传到发动机的热接收器中。发电机内的热能对气体加压，驱动活塞与马达相连，从而产生电力。而过程中不能被利用的多余热能就通过顶部的散热器排出。反应堆的核心被氧化铍反射镜包围，防止中子从反应堆核心逃逸。该技术利用的是核裂变反应，如果未来核聚变反应能够投入太空使用，将为火星城市提供更多的能量。

能量储存

在火星上可采用以下几种方式储存能量。抽水储能是把电能转化成重力势能。将水从一个较低位置泵到一个较高位置；供能时水往下流带动发电机发电。压缩空气法是将电能转化为压力。将空气物理压缩并储存在容器里，供能时高压空气带动发电机释放电能。甲烷燃料电池利用化学能和电能之间的转化。在电池内部，甲烷和氧气经过化学反应变成二氧化碳和水，同时在外电路产生电流。这种储

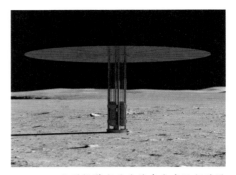

Kilopower 小型核裂变反应堆在太空运行的设想图

能方法因利用率较高，在火星上的发展潜力较大。

旅游业

随着航天技术的不断发展，太空旅游业也随之兴盛起来，当星际航行成本降低后，我们可能都有机会前往火星旅行。如何在火星开展旅游业呢？首先，移民定居点应选在峡谷或其他地貌的边缘，能让旅行者看到更加壮观和多样化的景色。其次，火星未来还需开发一些娱乐设施，如商场、主题游乐园等。火星旅行还可以与科学紧密结合，旅行者可以参观附近进行有趣生产和研究的工厂和实验室，如参观建筑材料的加工，前往温室参与植物种植，参观火星历史博物馆等。目前已有多家私营公司正在开展航空航天旅游项目，SpaceX 公司的首席执行官埃隆·马斯克更是将人类送上火星视为己任，他相信未来飞往火星的船票价格将低于 50 万美元。